溶液辅助激光加工技术研究

龙芋宏　著

U0379026

西安电子科技大学出版社

内 容 简 介

　　激光加工具有能量大、效率高和非接触等优点,在各类加工中得到广泛的应用。但在一些要求较高的产品中,因其有过大的热影响区、污染大和严重热变形等缺陷,激光加工无法胜任。在此背景下,溶液辅助激光加工技术得以兴起。本书在总结过去研究工作的基础上详细阐述了激光—溶液—物质相互作用的相关理论、溶液辅助激光加工相关的技术方法,为溶液辅助激光加工研究者提供参考。

　　本书主要作为企业工程师、从事激光加工工作的研究人员和相关专业研究生的参考用书。

图书在版编目(CIP)数据

溶液辅助激光加工技术研究/龙芋宏著 . —西安:西安电子科技大学出版社,2017.9
ISBN 978 - 7 - 5606 - 4477 - 6

Ⅰ. ① 溶…　Ⅱ. ① 龙…　Ⅲ. ① 激光加工—研究　Ⅳ. ① TG665

中国版本图书馆 CIP 数据核字(2017)第 150704 号

策　　划　陈　婷
责任编辑　杨　瑶　陈　婷
出版发行　西安电子科技大学出版社(西安市太白南路 2 号)
电　　话　(029)88242885　88201467　　邮　　编　710071
网　　址　www. xduph. com　　　　电子邮箱　xdupfxb001@163. com
经　　销　新华书店
印刷单位　陕西华沐印刷科技有限责任公司
版　　次　2017 年 9 月第 1 版　2017 年 9 月第 1 次印刷
开　　本　787 毫米×1092 毫米　1/16　印张 10.875
字　　数　252 千字
印　　数　1～1000 册
定　　价　24.00 元
ISBN 978 - 7 - 5606 - 4477 - 6/TG

XDUP 4769001 - 1

＊ ＊ ＊如有印装问题可调换＊ ＊ ＊

前　言

　　激光加工技术是先进制造技术领域中的一个重要分支。随着激光技术的迅速发展，激光加工作为一种新工艺已经显示出了强大的竞争力，并在国内外尤其是国外得到广泛的应用，取得了显著的经济效益。

　　硅、玻璃、陶瓷和蓝宝石等材料的优质属性对很多产品来说是不可或缺的，但是对于这些硬脆性难加工材料，目前的激光加工技术只能满足部分加工需求。在一些要求较高的产品中，因激光加工具有过大的热影响区、污染大和严重热变形等缺陷，已无法胜任。在此背景下，兴起了溶液辅助激光加工技术。目前，溶液辅助激光加工技术属于一个新兴研究领域，很多方面处于初级阶段。在我国还未见有相关书籍出版，发表的文章虽然不少，但都比较分散且各有侧重点，而编著一本内容新颖并具有一定理论意义的溶液辅助激光加工方面的专著，是作者多年的梦想。

　　本书在总结过去研究工作的基础上详细阐述了溶液辅助激光加工的基础理论、技术方法及应用。全书共分6章。第1章是绪论，对溶液辅助激光加工的基础知识进行了介绍，是全书的铺垫；第2章是激光—溶液—固体交互的过程，对激光—溶液—物质相互作用的理论进行了介绍；第3章是溶液辅助激光加工中的流场分析，对溶液辅助激光加工过程中流场特性的相关研究进行了介绍；第4章是溶液辅助激光加工的热力效应，对溶液辅助激光加工过程中的热、力学效应和激光加工过程中的温度及热应力分析进行了介绍；第5章是溶液辅助激光加工的分子动力学模拟，介绍了溶液中高能量短脉冲激光加工过程中的分子动力学模拟；第6章是溶液辅助激光加工的实验研究，对溶液辅助加工中的实验研究、相关现象及机理进行介绍。

　　笔者希望通过本书的"抛砖引玉"，能促进溶液辅助激光加工理论和应用的研究，为溶液辅助激光加工相关问题的研究贡献一份力量。

　　本书由桂林电子科技大学龙芊宏编写。在本书的编写过程中，得到了两位导师华中科技大学史铁林教授、熊良才副教授的悉心指导和帮助；书中部分内容参考了有关单位或个人的研究成果，相关著作均已在参考文献中列出。此外，在本书的出版过程中，还得到了李雪梅教授的帮助。在此一并表示由衷的感谢。

感谢廖志强、童友群、冯唐高、刘清原和刘鑫等研究生对本书的出版所作的贡献。

本书的研究得到了国家自然科学基金(课题编号：51065007、61366009)等的资助，在此表示感谢。感谢西安电子科技大学出版社在本书的出版过程中所付出的艰辛努力。

本书的内容多为作者近年来的一些研究成果。因本书涉及的内容目前还是个很新的研究领域，且属于一个多学科交叉的新领域，研究范围较宽，加之作者水平及能力有限，在一些新技术的研究和新问题的分析方面还存在不足，恳请专家和同行批评指正。

作者于桂林电子科技大学

2017 年 5 月

目　录

第 1 章　绪　论

1.1　引　言

硅、玻璃、陶瓷和蓝宝石的优质属性对很多产品来说是不可或缺的。硅具有优秀的机械和电性能，广泛应用于微电子、光伏和高密度系统；玻璃用来制作智能手机的显示屏和光学镜片等；陶瓷坚硬、化学性质稳定，可用来制作电子零部件、电路基板及电气绝缘体；蓝宝石极其坚硬、耐划伤，适用于半导体和 LED 技术。但硅、玻璃、陶瓷和蓝宝石有个共同点就是很难加工。同时，在电子产品追求高性能以及轻薄的趋势下，使用的硅片、玻璃等材料越来越薄，导致它们的抗拉、抗挤压强度越来越弱，对机械外力极为敏感，容易在加工时破损。这些问题迫使业界急需寻求一种低损伤的加工方法。激光技术因其独特的性质而成为理想的加工技术，被广泛用于各个加工领域。

1.2　激光加工技术面临的挑战

激光技术作为 20 世纪最伟大的发明之一，满足了现代化工业高速、高效、高质量的要求。近年来，随着各行各业对各种微型电子产品以及微电子元器件应用量的逐日增长，应用激光加工技术对工程材料(特别是聚合物材料和高熔点材料)进行精密加工逐渐成为激光在制造业、航天等应用中发展前景最优的领域之一。

激光具有方向性好、亮度高、单色性好、相干性好、能量密度高等特点，激光技术被广泛应用于各种尖端领域的生产以及科研。另外，激光在开拓交叉性学科的研究方面也很有价值，如非线性光学、激光光谱学、激光医学等。据统计，从高端的激光医疗到常见的条形码识别，激光应用每年产生的市场价值高达上万亿美元。根据《2013—2017 年中国激光加工设备制造行业产销需求预测与转型升级分析报告》，工业加工是我国激光产品应用的主要活跃领域，占据了 40% 以上的市场。

激光技术可以对各种材料进行加工，如对金属和非金属的加工，是基于激光束与物质相互作用的特性。激光加工包含了激光焊接、激光切割、激光打标、激光打孔等多种加工工艺。激光加工作为激光产业中的重要应用，比传统的机械加工更准确、更快速、更精密。激光独特的性质使之成为微加工的理想工具，目前被广泛应用于微电子、微机械等加工领域。其特点如下：

(1) 范围广泛：不同功能的激光器几乎可以对任何材料进行加工。

(2) 安全可靠：操作人员远程操作，采用非接触式加工，不会对材料造成机械损伤。

(3) 精确细致：加工精度可以达到微米级。

（4）效果一致：加工的重复性高，加工误差小。

（5）高速快捷：一个脉冲时间最小能达到飞秒（fs）级，可减少加工时间。

（6）成本低廉：对于不同零件的小批量加工，激光加工不用更换设备，更节省成本。

（7）加工边缘光滑：激光加工的精度高，加工边缘毛刺较少。

（8）热变形小：由于激光加工的高速性及能量集中性能，传到被加工区域周围的热量少，相对传统加工而言，引起材料的形变也非常小。

针对硅、玻璃、陶瓷、蓝宝石等难加工的硬脆性材料的微加工，因激光加工热影响区大、污染大、严重的热变形等缺陷，在集成电路的加工处理中始终无法被认可。尽管短波长激光（如紫外激光）能生产更小的切槽，但是YAG（Yttrium Aluminum Garnet）激光因其电学性能和经济性较佳常常被采用。由于 YAG 激光的热伤害严重影响硅基组件的功能，因而激光加工后，样片表面需要采用化学刻蚀或超声清洗去除重铸层。另外，加工中多余的热传导到材料内部而沿切割区域产生热影响，这会导致材料加工表面和内部出现明显的相位改变和裂纹。当激光脉宽大于皮秒时，这种缺陷不能忽略[1]。为了减少热伤害，超短脉冲激光（如飞秒激光）多被用来直接打断工件的原子键而不至于造成热累积[2]，但飞秒激光加工速度低，不适合投入生产且设备价格昂贵。这些问题迫使业界急需寻求一种低损伤的激光微加工方法。

1.3 溶液辅助激光加工技术

研究表明，在水下进行激光加工比在空气中进行激光加工有优势，例如水下激光加工可减少加工表面废屑囤积、增强冷却效果等。在水下进行激光加工的过程中，短脉冲高能量密度激光作用水下靶材时，靶材表面和激光束焦点附近的水吸收能量，产生等离子冲击波及空泡效应。同时，水在固体表面迅速升温时会产生爆发沸腾现象，爆发沸腾现象会伴随着蒸气爆炸及压力波，也会影响激光对材料的加工效果。水还是一种最常见的冷却剂，在水的冷却作用下，工件加工边缘热影响区明显减小，提高了加工精度，如图 1-1 所示。同时，激光的水下应用也是海洋开发和医学等行业迫切需要的技术手段，船舶的水下激光焊接技术以及医学上的激光手术都需要对激光在溶液环境下作用靶材的机理进行研究。

（a）水导激光切割　　　　　　　　　（b）传统激光切割

图 1-1　激光切割 50 μm 厚的不锈钢

水射流与激光复合加工技术的萌芽可以回溯到 19 世纪末至 20 世纪初[3]。

1886 年，瑞士的 Colladon 发现了水束导光现象。图 1-2 所示为根据水束导光原理设计的导光喷泉。

图 1-2 导光喷泉

1993 年，瑞士洛桑联邦技术学院的 Bernold 博士进一步探索了该现象，设计了水射流和激光耦合装置（见图 1-3），从而实现了一种新的加工方式 —— 微水导激光加工（Laser-Microjet，LMJ）（见图 1-4），该技术主要依靠激光束穿过加压水腔聚焦在射流的喷嘴出口，从喷嘴处射出的水束引导光束，同时水束能对工件进行冷却，并去除熔融材料。

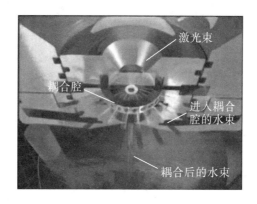

图 1-3 激光耦合装置结构图

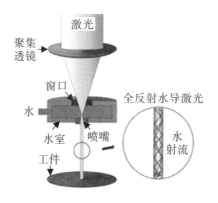

图 1-4 微水导激光加工示意图

1995 年，Bernold 博士申请了该技术的美国专利，并以该技术为核心，在瑞士成立了 SYNOVA 公司。SYNOVA 公司目前主要生产四个系列的水导激光加工设备，分别是切割、划片、研磨和模板，在水导激光划片设备领域一枝独秀。与传统激光加工相比，水导激光具有低热影响区、工作距离长、无熔渣等优势。因此，水导激光加工技术引起了国内外很多学者和科学家的关注和研究，并取得了一系列的成果。

2002 年，瑞士 Frank Wagner 博士等对射流的稳定长度和喷嘴孔径进行了实验研究，总结了水束破碎的原因，得到了不同喷嘴孔径下水束的最大稳定速度和最长稳定长度[4]。2005 年，瑞士 Philippe Couty 博士等对水束中能量的分布进行了研究，发现激光在水束中传播与激光在多模光纤中的传导相似，研究结果显示对水束横截面能量分布影响最大的因素是聚焦透镜的数值孔径。数值孔径越大，能量密度越小，同时发现激光能量在横截面上的分布是均匀的[5]。在该领域研究中，研究者同时使用 FLUENT 软件建立了能量在水束中分布的数学模型，仿真结果显示，激光脉冲会影响水束的稳定性。2013 年，Klaus Hock 等从热影响区、表面碎屑厚度和切口宽度三个方面对水导激光加工和传统激光加工进行了实验对比，结果显示，水导激光加工在各个方面比传统的激光加工更为优异[6]。在国内，哈尔滨工业大学、厦门大学和江苏大学对水导激光进行了研究，三者分别侧重于水导激光加工设备的研制、光路设计和水导激光加工的工艺仿真。2006 年，哈尔滨工业大学初杰成等设计了水导激光加工耦合装置及液压系统，并将水导激光加工中各参数对加工工件质量的影响进行了对比[7]。2009 年，叶瑞芳等为了避免水导激光中调焦等问题，首次将无衍射光束引入到水导激光加工体系中，设计出了具有同轴监测功能的水射流导引激光加工系统的新方案[8]。2009 年，江苏大学詹才娟等采用 FLUENT 软件对水导激光打孔进行了仿真研究，分析了打孔过程中不同阶段的温度分布及熔池的流场分布[9]。2012 年，哈尔滨工业大学孙胜廷等研制了较为完整的水导激光加工系统，该系统主要包含实时监测系统、激光加工系统、水束稳压系统、耦合系统等，并将液压泵压力与喷嘴直径对射流稳定性的影响进行了研究[10]。

但是，水导激光加工设备中激光束对准喷嘴的过程很难控制，稍有不慎就会导致烧蚀喷嘴。易耗件喷嘴的深宽比达到 20，孔径极小且材料昂贵的特性提高了使用成本；高压低速水射流通过水腔转换为低压高速稳定的水束是很难控制的；光路在水中的光程长，受激拉曼散射的能量损耗大。这些技术特点导致了水导激光加工设备价格昂贵，维护费用高，应用受到极大限制。为了避开水导激光划片技术中水腔复杂和调焦困难等问题，简化设备以及维护费用，2009 年，一种水射流和激光复合的加工方式，即水射流激光加工被学者关注和研究。水射流激光加工根据不同的射流形式大致分为两种——同轴射流和非同轴射流。2009 年，Dinesh K. 等对同轴式和非同轴式水射流激光加工脆性材料进行了研究，设计了非同轴的水射流耦合腔，并将各参数对加工质量的影响作了对比[11]。2013 年，Suvradip M. 等对同轴式水射流激光水下加工进行了研究（见图 1-5），主要分析了激光能量、切割速度、射流速度等因素对切割宽度的影响。研究结果表明，切口宽度随着激光能量的增加而缓慢增大，随着切割速度的变大而逐渐变小[12]。2014 年，V. Tangwarodomnukun 等对激光脉冲能量、水射流压力、光斑重叠率和射流压力对温度分布的影响进行了实验和仿真研

图 1-5 水导激光划片

究，得到了较好的仿真结果[13]。2014 年，Yuvraj K. Madhukar 等对同轴式水射流激光划片进行了实验研究，研究发现在相同的激光功率下增加射流压力，可以有效减少重铸层和熔渣，同时对激光峰值能量和划片的深度进行了研究[14]。2015 年，Suvradip Mullick 等建立了水射流水下激光加工的激光能量损失模型并进行了实验验证，研究结果表明，损失的激光能量主要来自水的汽化。水汽化损失的能量占总损失能量的 $40\% \sim 50\%$[15]。

国内对水射流激光加工的研究还处于起始阶段，2013 年，陈春映等对水射流激光切割 Al_2O_3 陶瓷进行了研究，研究表明，水射流可以有效减小重铸层的厚度，同时比较了激光脉宽、激光脉冲能量、水射流速度、切割速度对重铸层的影响，结果显示，水射流速度对重铸层厚度影响最大[16]。2014 年，张崇天等对水射流激光刻蚀晶体硅进行了实验研究，研究发现水射流速度对槽体深度会产生影响，随着射流速度的提高，槽体深度先降后升[17]。2015 年，谢兵兵等对水射流激光刻蚀 Al_2O_3 - SiC 复合相陶瓷进行了研究，研究表明，水射流越大，刻槽的形状越接近"V"形，同时激光能量损失越大[18]。2015 年，陆平卫等对水射流激光在 Al_2O_3 陶瓷上打孔进行了研究，结果显示水射流可以减小孔的相对误差及锥度，同时也能减少熔渣堆积，提高打孔的质量[19]。

1.4 溶液辅助激光加工的方式[20、21]

1.4.1 较低激光功率的溶液辅助激光加工

水辅助激光加工的主要目的是带走加工区域的材料沉积。当激光在溶液中加工时，由溶液热对流和气泡诱导运动带走切屑。要达到这个效果，激光脉冲应短（在 ms/ns 范围），脉冲频率要低（小于 kHz）。Morita 等报道，脉冲长度超过 $100~\mu s$，重铸层不能消除。Cortona 等[23] 的研究表明，在 1 ms 脉宽和频率 50 kHz 的条件下，由于气泡散光和碎屑吸收导致刻蚀孔宽而浅。图 1-6 所示为溶液辅助激光加工过程中不同的供液方式。其中，在图 1-6(d) 和 (e) 中，激光受溶液传输特性的影响很小。目标液体层的厚度通常是 1 mm。

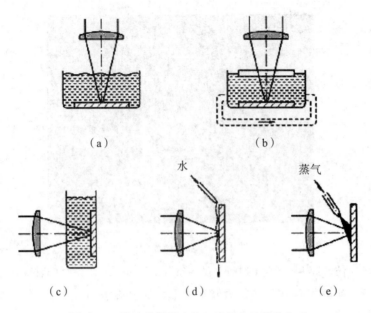

图 1-6　溶液辅助激光加工过程中的供液方式

1.4.2　高激光功率的溶液辅助激光加工

高功率激光加工不同于低功率激光加工。激光束通过一个切割头中的溶液传递到工件表面，如图 1-7 所示。切割材料的厚度可达 50 mm，连续激光或毫秒脉冲激光功率高达几千瓦。

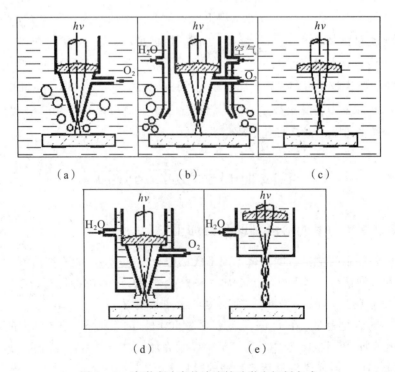

图 1-7　高激光功率的溶液辅助激光切割方式

在图 $1-7$ 中，当采用 CO_2 激光器时，因为水对 $10.6\ \mu m$ 激光吸收大，在工件表面上需要一个干燥区，见图 $1-7$(a)、(b)、(d)。而 Nd：YAG 激光器(约 $1\ \mu m$ 波长)透过水的激光能量损失小，光可通过水(见图 $1-7$(c))或甚至沿水射流(见图 $1-7$(e))传送。在图 $1-7$(d)中，加入水的目的是冷却工件；同时发现这种方案可以减少废物气体和微粒排放或释放进入大气。在图 $1-7$(e)中，水射流被用来传输激光束，激光束在水流束中实现全反射传输，使喷嘴与工件之间避免了聚焦问题(在切割非平面材料时避免动态聚焦)。

1.4.3　激光束和水射流分开布置

这种布置简单、经济，因为工作头或工件不需要浸泡在液体中，所以通用的激光切割设备可以很容易地用一个水射流喷嘴实现升级。这种布置又分为水射流在激光束之前、水流束和激光束相交、水射流在激光束之后三种方式，分别如图 $1-8$、图 $1-9$ 和图 $1-10$ 所示。

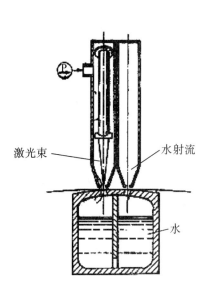

图 $1-8$　激光水射流分切机的原理图

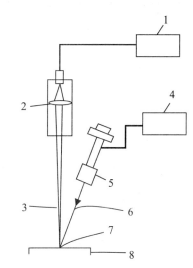

1— 激光器；2— 聚集透镜；3— 激光束；4— 水泵；
5— 喷嘴；6— 水束；7— 加工点；8— 样品

图 $1-9$　组合喷水/激光切割设备

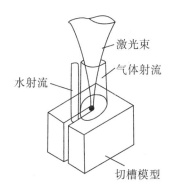

图 $1-10$　水射流支持的激光切割方法

1.5　本书探讨的几个问题及其意义

1.5.1　激光—溶液—固体交互的过程

激光加工技术是指光学系统将高能量的激光束聚焦在一块很小的区域内（即光斑），并在光斑区域内达到很高的功率密度，在短时间内实现对各种材料的加工。整个加工过程涉及多个学科领域，其中包括光学、物理学、传热学、材料学、流体力学等。其过程相当复杂，所以激光与物质相互作用过程及其理论一直是人们研究的重点。

随着激光技术的快速发展，应用领域的不断扩展，原有的激光与固态物质相互作用模型和理论在某些领域不太适用。在此背景下，一些学者对激光与液态物质或水中靶材的相互作用机理和实验进行了研究。当激光作用水下靶材时，激光束需要穿过水层才能到达靶材表面，但水会吸收激光束的能量。水对激光能量的吸收会随水体环境、水下光程、水体流速以及激光波长的不同而变化，所以进行水下激光加工时，这些因素是必须考虑的。

激光与水下物质相互作用是一个十分复杂的物理过程，迄今为止，在激光加工水下物质这一领域无论是理论还是实验研究方面，其进展明显落后于激光对气态或固态物质相互作用机理的相关研究。本书在总结、学习国外先进技术和理论的同时，也力求通过自主创新，在某些方面取得突破。

1.5.2　溶液辅助激光加工中的流场分析

基于水射流激光划片技术，对其中的关键元件喷嘴的流场特性进行数值仿真研究。首先从喷嘴的内部流场入手，研究不同结构的喷嘴在激光束与水射流同轴的条件下的内部速度、压力、湍流动能损耗情况。其次通过建模仿真射流喷嘴的外流场情况，以四种不同形状的喷嘴为例，通过观察四种不同喷嘴的速度、压力、水的体积分数云图，比较在进入气液两相流的射流工况下各自数值的变化。针对激光划片工艺，根据实验结果研究流场特性是否满足该工艺的要求，通过各种参数的比较挑选出最优的喷嘴结构。最后，分析喷嘴不同布局的条件下对激光水射流划片工艺的影响。通过改变冲蚀角度值，从模拟仿真结果中提取不同冲蚀角度下的速度、压力云图与前部分研究的激光束与水射流同轴的工况下进行比较分析，得出此工况下最佳的冲蚀角度，为后续的研究提供一定的理论指导。

在溶液辅助激光加工中，水层流动特性是影响加工效果的一个重要因素，而这方面的研究还处于初级阶段。本书通过对溶液辅助激光加工中的三种不同的水辅助激光流体装置，借助 Fluent 流体分析软件，研究了三种流体装置中流体的流动特性，可为水辅助激光加工中选取放置工件的位置、选取流体入口速度提供相关的理论依据。

同时，在进行水辅助激光加工时，样片熔层内的沸腾相当剧烈，温度在瞬间内急剧升高，导致熔层内部压力迅速升高，为了释放这部分压力，会形成相似于爆炸的熔融物质喷溅。传统的基于网格的有限元模拟方法在模拟变形较大较剧烈的问题时，常常会出现网格畸变等一系列问题而导致计算无法进行，不适合熔融物喷溅模拟。本书基于光滑粒子动力学原理对熔融物喷溅进行了模拟，为探究物质喷溅和溶液相互作用的机理提供了一定的理论指导。

1.5.3 溶液辅助激光加工的热力效应

溶液辅助激光加工中的动力学过程实质上是光学、物理、热力学、流体力学等规律的交叉耦合过程。脉冲激光加热溶液中的物质时产生的爆发沸腾将导致气泡产生、增长和溃灭,这种气泡脉动与快速升降温过程的相互关系需要进行深入的理论研究。本书主要从工程热力学和流体力学的基础出发,描述和模拟其间的物理过程,分析此过程中的传热及流动现象。通过对工艺过程中激光、溶液和靶材相互作用时等离子体和蒸气泡的动力过程建模,从中探寻不同能量密度的脉冲激光加热溶液中物质时爆发沸腾所致的温度场时空分布规律。在此基础上,研究溶液辅助激光加工过程中的热应力等问题。

1.5.4 分子动力学模拟仿真

由于激光的脉宽与工件加工尺寸越来越小,从微观上研究激光作用靶材有很重要的现实意义。高能量密度短脉冲激光作用水下靶材这类超微观问题,无论是在实验方面还是模拟仿真方面都处于起步阶段。尤其是在实验方面,实验设备昂贵,实验条件复杂,实验中不确定性多。因此,采用仿真的手段辅助实验研究是必不可缺的。至今为止,关于超急速爆发沸腾和被加工金属微小区域热力问题的研究结果,仍不能解决目前在现实工程遇到的问题。另外,涉及空间和时间上的微尺度问题,属于热点前沿问题。因此,探究微尺度传热及热物理领域的新研究手段对该领域的发展具有重要的科学意义和现实意义。

现阶段研究激光作用靶材的模拟方法有两种:有限元方法和分子动力学方法。国内外对这种情况进行的仿真大多使用有限元方法,但这些仿真对于其机理的研究仍处于摸索阶段。而分子动力学方法以其高分辨率、高精度以及优良的算法结构很好地胜任了激光加工靶材的模拟工作。

分子动力学是一种复杂的计算方法,它主要以分子力场为基础,根据牛顿运动动力学原理来计算系统的运动,由给定的粒子初始位置及初始速度计算其后过程中的每一步位置和速度,并以此为基础计算系统的热力学参数和其他宏观性质。

1951 年,Alder 和 Wainwright 提出基于刚势球的分子动力学方法,开启了分子动力学的历史;1964 年,Rahman 利用 Lennard - Jones 势函数对液态氩性质进行仿真模拟;1971 年,Rahman 和 Stillinger 模拟了具有分子团簇行为的水的性质;1977 年,Rychaert、Ciccotti 和 Berendsen 提出了约束动力学方法;1980 年,Andersen 法和 Parrinello-Rahman 法面世;1983 年,Gillan 和 Dixon 在平衡态动力学的基础上提出了非平衡态分子动力学;1984 年,Berendsen 等人通过实验进行了恒温条件下的分子动力学方法的研究;同年,Nos-Hoover 恒温条件法被提出;1985 年,第一原理分子动力学被提出,对现今分子动力学研究有深远的影响。

本书提出采用分子动力学模拟方法进行高能量密度短脉冲激光作用水下靶材的研究,分析其热力学作用及工件边缘质量,以此作为实验研究的基础,为该领域的长期研究奠定基础。

1.5.5　溶液辅助激光加工的实验研究

　　水下激光加工的原理本质上与空气中激光加工相同，但是水下的特殊环境使得水下激光加工在加工工艺和加工设备方面都与空气中激光加工有相当大的不同，并影响最终的加工效果。例如，由于水会吸收部分激光能量，并具有良好的冷却效果，加工过程中这种能量吸收和冷却作用都会削弱激光加工材料的能力，但同时激光与水作用所产生的射流作用和冲击波的产生反而又影响了激光加工材料的能力等。高能量短脉冲激光、射流及气泡爆炸、良好的冷却能力，使得制造出的零部件尺寸更加精确。

　　为了掌握溶液辅助激光加工的工艺规律，需要搭建溶液辅助激光加工系统，并进行溶液辅助激光加工的实验研究。通过研究各种激光加工参数、液层参数、不同厚度的材料脆性、激光扫描速度等对加工效果的影响规律，得到加工硅基晶片等脆性材料的优化加工参数，从而最终提高工艺的可控性。

第 2 章　激光 — 溶液 — 固体交互的过程

2.1　相 变 现 象

2.1.1　总体现象

在纳秒～微秒时间尺度，激光作用于溶液中的物质时，有等离子体形成、冲击波产生，随后产生空化和射流现象。图 2-1 所示为在不同延时情况下激光作用玻璃板上甲苯液体时的时间分辨光学显微成像图。其中，激光波长为 248 nm，脉宽为 30 ns，每个脉冲能量密度为 1.6 J/cm^2。吸收激光能量后瞬间激发的冲击波可以被认为是一维的；后来进展为球形。气泡后续衰减状态的更多细节如图 2-2 所示。

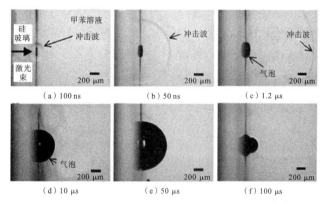

图 2-1　液-固界面激光产生的典型瞬态现象[24]

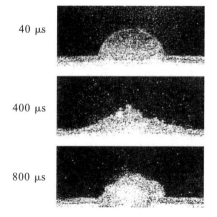

图 2-2　激光烧蚀水下氧化铝过程中不同延时时刻的气泡衰减[25]

2.1.2　从液体自由表面汽化

1. 相关物理量

r_1，r_2—— 在垂直于界面的两个垂直平面的液-气界面的曲率；

T —— 热力学温度；

T_0—— 环境温度；

T_v—— 蒸气温度；

ΔT_{vl}—— 液-气界面的温度差；

P_0—— 环境压力；

P_g—— 气相(蒸气)压力；

P_1—— 液体的环境压力；

ρ，ρ_1—— 液体的密度；

v_1—— 液体体积；

σ —— 表面张力；

$\hat{\sigma}$ —— 调节系数，对水和低级醇在 $0.02 \sim 0.04$ 范围内；

α —— 汽化系数；

m —— 粒子(原子或分子)质量；

H_v—— 每单位质量汽化潜热(焓)；

q''_i—— 液-气界面的热通量；

ΔV_{lv}—— 汽化分子的体积变化，$\Delta V_{lv} = V_v - V_1$；

J —— 成核率(每单位体积和时间的成核数)；

α_1—— 液体的热扩散；

k_B—— 玻尔兹曼常数，$k = 1.380\ 650\ 5(24) \times 10^{-23}$ J/K；

R_g—— 通用气体常数，$R_g = 8.3144$ kJ/(kg · mol · K)。

2. 平衡蒸气压(饱和蒸气压)

克劳修斯-克拉珀龙方程(定义蒸气压曲线的斜率)：

$$\frac{\mathrm{d}p}{\mathrm{d}T} = \frac{H_v}{T(V_g - V_1)} \tag{2-1}$$

饱和蒸气压：

$$P_s(T) = P_0 \exp\left[\frac{H_v m}{R_g T_0}\left(1 - \frac{T_0}{T}\right)\right] \tag{2-2}$$

3. 蒸气压与表面曲率的关系

通过弯曲液-气界面的压力差由拉普拉斯方程式(Young-Laplace 方程)得出：

$$P_g - P_1 = \sigma\left(\frac{1}{r_1} - \frac{1}{r_2}\right) \tag{2-3}$$

4. 蒸发/冷凝率

赫兹-克努森方程：

$$j = \hat{\sigma} \sqrt{\frac{m}{2\pi R_g T_R}} \left[P_s(T_R) - P_v \right] \qquad (2-4)$$

其中：j 为汽化或冷凝的强度（每单位面积的颗粒）；M 为液体的摩尔质量；T_R 为气-液界面的温度；P_s 为温度 T_R 时的饱和蒸气压。

5. 表面汽化的衰退速度[26]

$$\left[\frac{\partial x}{\partial t} \right]_{x=0} \approx \alpha P_b \exp\left[\frac{\Delta H_v m}{k_B} \left(\frac{1}{T_b} - \frac{1}{T} \right) \right] \times \frac{m}{\rho_1 \sqrt{2\pi m k_B T}} \qquad (2-5)$$

6. 液体-蒸气界面的热通量[27]

$$q_i'' = \left[\frac{2\hat{\sigma}}{(2-\hat{\sigma})} \right] \left(\frac{H_v}{T_v \Delta V_{lv}} \right) \sqrt{\frac{m}{2\pi R_g T_v}} \left(1 - \frac{P_v \Delta V_{lv}}{2H_v} \right) \Delta T_{vl} \qquad (2-6)$$

液-汽界面的传热系数：

$$h_i'' = \frac{q_i''}{\Delta T_{vl}} \qquad (2-7)$$

2.1.3   蒸气气泡的成核

1. 相关物理概念

均相成核：在均匀物质的内部成核。

异构成核：在交界处或夹杂物中成核。

临界核大小：成核尺寸比临界自发收缩的核小，且比自然生成的增长核尺寸要大。

临界形核率 J_{CR}：临界成核率。

双节线（蒸气压曲线）：相位图中的一条线，此时液体和蒸气处于热力学稳定的阶段。

旋节线：无限压缩的状态轨迹，此时 $(\partial p/\partial V)_T = 0$；旋节线是相图中不稳定和亚稳态的界线。物质的密度波动很小，气泡会自发地成长。

动力旋节线（云线）：在相图中的轨迹，此时亚稳态的寿命变得比局部平衡的弛豫时间短。如果表面张力已知，这种方法的亚稳状态的物理边界完全且仅由状态方程决定（即由该系统的平衡特性确定）。

费舍尔极限：费舍尔衍生均匀成核极限，取决于所考虑的体积大小和所施加应力的持续时间。

相爆炸（爆炸沸腾）：在过热液体中均匀核的急剧增加。

2. 均相成核

液体状态通过某一曲线发生的蒸气气泡的均匀成核压力-温度图如图 2-3 所示。其中，虚线曲线对应费舍尔理论的成核极限，圆圈表示 Skripov 和 Chukanov 的实验数据，三角形表示 Zheng 以 Soul 和 Wagner 的解析式在 $P-T$ 重新计算时的实验数据。不同的理论预测出不同的成核限，通过纳秒或在较短激光脉冲加热的情况下，动态旋节最接近观察到的成核发生情况。

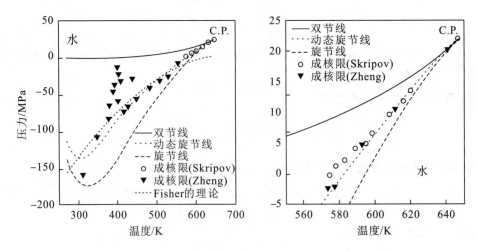

图 2-3　蒸气气泡的均匀成核压力-温度图[28]

均匀成核率（单位时间和体积的成核）由下式给出[27]：

$$J = N_0 \sqrt{\frac{3\sigma}{\pi m}} \exp\left[-\frac{16\pi\sigma^3}{3k_B T_1 (\eta P_{sat} - P_1)^2}\right] \tag{2-8}$$

其中：

$$\eta \cong \exp\left[\frac{v_1}{RT_1}(P_1 - P_{sat}(T_1))\right] \tag{2-9}$$

Feder 等[29]与 Dömer 和 Bostanjoglo[30]考虑到液-气界面克努森层的存在，提出了在相爆炸的情况下成核率的改良公式。液体中，过热至温度 T，被假定为达到原子蒸发成克努森层的反冲压力 $0.54P_s(T)$，其中 $P_s(T)$ 是在温度 T 的饱和蒸气压。平衡温度 T_E 是通过公式 $P_s(T_E) = 0.54P_s(T)$ 来确定的。蒸气近似为理想气体。因而，临界气泡的静止均相成核率变为

$$\dot{N} = \frac{\rho(T)}{0.54m} \sqrt{\frac{2\sigma}{\pi m}} \exp\left(-\frac{H_v}{k_B T}\right) \exp\left(-\frac{16\pi k_B T\sigma^3}{3(0.54P_s(T)\Delta g)^2}\right) \tag{2-10}$$

其中，$H_v(T)$ 为原子蒸发焓，

$$\Delta g = \int_{T_g}^{T} \left(\frac{H_v}{T}\right) dT \tag{2-11}$$

但是，在激光加工的情况下，例如在清洗中，成核率的精确值很小，会影响实验观察到的成核阈值，因为随着过热指数上升，成核率的数量级会在较窄的温度区间内急剧增加[31]。在典型的情况下，例如在水和低级醇中，温度增加 1℃ 会导致成核率增加三个数量级[27]。

3. 异相成核

异构核速率由下式给出[27]：

$$J = \frac{N_0^{\frac{2}{3}}(1+\cos\theta)}{2F} \left(\frac{3F\sigma}{\pi m}\right)^{\frac{1}{2}} \exp\left[-\frac{16\pi F\sigma^3}{3k_B T_1 (\eta P_{sat} - P_1)^2}\right] \tag{2-12}$$

$$F = F(\theta) = \frac{1}{4}(2 + 3\cos\theta - \cos^3\theta) \tag{2-13}$$

其中：θ 为液体在界面的接触角；$N_0^{\frac{2}{3}}$ 为界面每单位面积的分子数。

在激光清洗时，成核率 $J_{CR} = 10^{22}(\mathrm{m}^{-3} \cdot \mathrm{s}^{-1})$ 是在硅-水界面测量的。类似均相成核，这里也观察到成核率在非常窄的温度区间以许多数量级的指数增加，产生一个相对尖锐的成核阈[31]。

在固-液界面进行强短脉冲照射时，没有产生蒸气泡，而是观察到形成一个连续的蒸气层，并由 MD 模拟预测。图 2-4 所示为分子动力学（MD）模拟在金（111）面上的 24 个水层突然加热到 1000 K 的快照，连续帧之间的时间间隔是 25 ps。

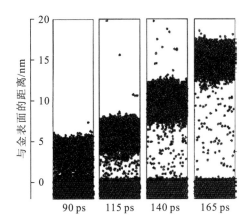

图 2-4　分子动力学模拟在金面上水层突然加热到 1000 K 的快照[32]

2.1.4　气泡动态

1. 无限空间的气泡

通过激光脉冲或气穴空化在液体中产生气泡，气泡周期性扩张并收缩，如图 2-5 所示。每次气泡破裂，在许多液体（如在水和醇）中，气泡溃灭时会发出短光脉冲（~150 ps）（声致发光）和冲击波。

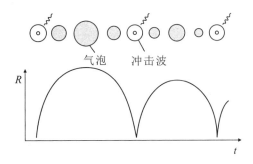

图 2-5　液体中的气泡脉动[34,35]

比声音的波长更小的球形气泡的动力过程是由 Rayleigh-Plesset 方程给出的[33]：

$$R\frac{\mathrm{d}^2 R}{\mathrm{d}t^2} + \frac{3}{2}\left(\frac{\mathrm{d}R}{\mathrm{d}t}\right)^2 = \frac{1}{\rho_1}\left[P_g - P_0 - P(t) - \frac{4\eta}{R}\frac{\mathrm{d}R}{\mathrm{d}t} - \frac{2\sigma}{R}\right] \tag{2-14}$$

其中：ρ_1 为液体的密度；P_g 为气体中的压力，假设在空间上均匀；P_0 为背景静压（通常为 1 bar）；$P(t)$ 为气泡附近的压力；η 为剪切黏度；σ 为气-液界面的表面张力。

气泡生长速度为[27]

$$\frac{dR}{dt} = \sqrt{\frac{2}{3}\frac{[T_0 - T_s(P_0)]}{T_s(P_0)} \cdot \frac{H_v \rho_v}{\rho_1}} \tag{2-15}$$

式（2-14）通过热传导、黏度等不考虑能量耗散。Leiderer 等[31] 得到了更好的匹配公式：

$$R\frac{d^2 R}{dt^2} + \frac{3}{2}\left(\frac{dR}{dt}\right)^2 = \frac{1}{\rho_1}\left[p_{max}\left(\frac{R_0}{R}\right)^{3\gamma}\exp\left(-\frac{t}{\tau}\right) - P_0\right] \tag{2-16}$$

其中，γ 为多变指数。能量损失由弛豫时间 τ 来计算；$\tau = \infty$ 对应于该绝热模型。

2. 加热面的气泡

Carey[27] 给出了加热面（恒温）气泡增长的公式为

$$R(t) = 0.47 J_a P_r^{-\frac{1}{6}}\sqrt{\alpha_1 t} \tag{2-17}$$

其中：J_a 为雅各布数，则

$$J_a = \frac{[T_0 - T_s(P_0)]C_{pl}\rho_1}{\rho_v H_v} \tag{2-18}$$

P_r 为普朗特数，则

$$P_r = \frac{\upsilon}{\alpha} \tag{2-19}$$

其中：υ 为动态黏度；α 为热扩散系数。

Robinson 和 Judd 通过数值分析了在加热表面上传热控制半球形气泡的增长情况[36]。Veiko 等[37] 给出了在受热面上考虑润湿角时气泡平衡形态的微分方程。

3. 界面的气泡衰减

当气泡在固体边界溃灭时，产生指向边界的液体射流（见图 2-6）。该射流直径约为初始气泡直径的十分之一。Tomita 和 Shima 的调查[41] 也表明半球形气泡在固体边界产生射流。毫米尺度气泡的喷射速度可达 200 m/s（取决于气泡半径和距墙面的距离），并可能导致对硬质材料的伤害（气蚀）[21]。

气泡（重力）从加热表面分离[38] 或在自由液面附近溃灭时也会形成液体射流[39]。

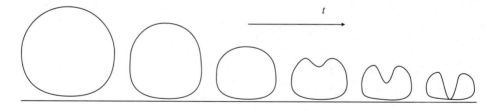

图 2-6　刚性边界附近气体/蒸气泡的溃灭[40]

液体射流的冲击压力由下式给出[34]：

$$P = \frac{\rho_1 C_1 \cdot \rho_s C_s}{\rho_1 C_1 + \rho_s C_s} \cdot \upsilon_{jet} \tag{2-20}$$

其中：$(\rho_1 C_1)$、$(\rho_s C_s)$ 分别是水和固体材料的声学阻抗。对于一个完全的刚性壁，假设 $\rho_1 C_1 \leqslant \rho_s C_s$，则式 (2-20) 变为

$$P = \rho_1 \cdot C_1 \cdot \upsilon_{jet} \tag{2-21}$$

Chen 等[42] 得到了激光脉冲能量为 $5 \sim 22$ mJ 时微射流冲击压力为 $320 \sim 490$ MPa（铁在水中；激光波长为 1064 nm，脉宽为 30 ns）。

Ohl 等研究了近固体边界的气泡破裂引起的流动[43]。研究结果表明，切向边界流速最高，在射流冲击的时间间隔，最大气泡尺寸 2 mm 时速度高达 10 m/s。

4. 残余微气泡

一个气泡在固体边界附近衰退后，许多初始半径为 $5 \sim 150~\mu m$ 的微泡可保持几百微秒[44]。下一个激光诱导压力瞬变迫使这些气泡崩溃，并在初始气泡震中的扩展区域周边产生多个小空蚀坑[34]。

由残留微泡导致声空化阈值降低的现象称为空化记忆效应。

Antonov 等[45] 也观察到，在大量水中光击穿后，连续脉冲激光的击穿阈值比初始阈值大约低 3 倍（Nd：YAG 激光，15 ns）。

Bunkin[46] 指出，如果溶解气体的液体中含有少量电解质（浓度约为 0.01 mg/L），其离子具有表面活性性质，平衡条件下它应该包含游离气体的稳定微泡（称为 bubbstons）。因此，光击穿后水分解产物可能会形成降低连续脉冲击穿阈值的长存 bubbstons。

5. 气泡溃灭引起的化学反应

气泡溃灭时的温度约为 $6000 \sim 20\,000$ K[47]，这将导致液体分解。

根据 Mason 和 Peters[48] 的研究，纯净水气泡溃灭时发生以下反应：

$$H_2O \rightarrow HO\cdot + H\cdot$$
$$H\cdot + O_2 \rightarrow HO_2^\cdot$$
$$2HO\cdot \rightarrow H_2O_2$$
$$2HO_2^\cdot \rightarrow H_2O_2 + O_2$$

2.2　液体的光学击穿和等离子体

1. 相关物理量

n_e——电子密度；

ρ_v——在价带的电子密度（液体）；

ρ_c——在导带的电子密度（液体）；

n_i——离子密度；

n_a——中性原子的密度；

g_i——单电离原子的配分函数；

g_a——中性原子的配分函数；

m, m_e——电子质量，$9.109\,382\,6(16) \times 10^{-31}$ kg；

k_B——玻尔兹曼常数，$k = 1.380\,650\,5(24) \times 10^{-23}$ J/K；

h——普朗克常数，$h = 6.626\ 069\ 3(11) \times 10^{-34}$ Js；

$\hbar$ ——狄拉克常数，$\hbar = h/2\pi = 1.054\ 571\ 628(53) \times 10^{-34}$ Js；

T——热力学温度；

T_p—— 等离子体的温度；这里假定 $T_p = T_e = T_i$；

υ ——频率；

ω ——角频率；

ε_0 ——真空的介电常数，$\varepsilon_0 = 8.854\ 187\ 817\ 6 \times 10^{-12}$ F/m；

c ——光速。

在介电液体中，电离（等离子体形成）可以通过以下两种方式产生：

（1）通过多声子或隧道电离的液体直接电离。

（2）通过逆轫致辐射吸收的级联电离（雪崩电离）。

第二种方式需要通过杂质热电离或多声子电离产生的一个或多个"种子"电子，这取决于液体的纯度[49]。

2. 介质液体的电离

当光子能量低于电离势（如水的电离势 $\Delta E = 6.5$ eV），自由电子必须通过多光子或隧道电离产生。用于场的时间平均离化率与角频率 ω 和强度 I 作用于基态的电子密度 $\rho_v - \rho_c$ 的关系由 Keldysh 方程给出[50]。

$$\left(\frac{\mathrm{d}\rho_c}{\mathrm{d}t}\right)_{\text{photo}} = \frac{2\omega}{9\pi}\left(\frac{\sqrt{1+\gamma^2}}{\gamma}\frac{m\omega}{\hbar}\right)^{\frac{3}{2}} \times Q\left(\gamma, \frac{\widetilde{\Delta}}{\hbar\omega}\right)$$

$$\times (\rho_v - \rho_c)\left\{-\pi\left(\frac{\hat{\Delta}}{\hbar\omega}+1\right) \times \frac{K\left(\frac{r}{\sqrt{1+\gamma^2}}\right) - E\left(\frac{r}{\sqrt{1+\gamma^2}}\right)}{E\left(\frac{1}{\sqrt{1+\gamma^2}}\right)}\right\} \tag{2-22}$$

其中：

$$Q(\gamma, x) = \sqrt{\frac{\pi}{2K\left(\frac{1}{\sqrt{1+\gamma^2}}\right)}} \times \sum_{n=0}^{\infty}\left\{-\pi n\frac{K\left(\frac{r}{\sqrt{1+\gamma^2}}\right) - E\left(\frac{r}{\sqrt{1+\gamma^2}}\right)}{E\left(\frac{1}{\sqrt{1+\gamma^2}}\right)}\right\}$$

$$\times \Phi\sqrt{\frac{\pi(2<x+1>-2x+n)}{2K\left(\frac{1}{\sqrt{1+\gamma^2}}\right)E\left(\frac{1}{\sqrt{1+\gamma^2}}\right)}} \tag{2-23}$$

式（2-23）中，点 $<x>$ 表示数 x 的整数部分，K 和 E 表示第一和第二种椭圆积分，Φ 表示道森概率积分，

$$\Phi(z) = \int_0^z \exp(\gamma^2 - x^2)\mathrm{d}\gamma \tag{2-24}$$

室温下在导带由于玻尔兹曼分布的初始稳态自由电子密度可忽略。因此，在基态的稳态电子密度对应于总的电子密度 $\rho_v = 6.68 \times 10^{23}$ cm^{-3}[51]。

凯尔迪什参数 γ 和在凝聚态表现出的能带结构（例如水）用于创建一个电子-空穴对的有效电离势 $\widetilde{\Delta}$ 由下式给出：

$$\gamma = \frac{\omega}{e} \sqrt{\frac{c\varepsilon_0 m\Delta}{4I}} \tag{2-25}$$

$$\widetilde{\Delta} = \frac{2}{\pi}\Delta \frac{\sqrt{1+\gamma^2}}{\gamma}E\left(\frac{1}{\sqrt{1+\gamma^2}}\right) \tag{2-26}$$

其中：I 为辐照度；Δ 为带隙能量。

3. 级联电离（雪崩电离）

只要在交互空间中存在自由电子，它们就能通过光子的逆轫致吸收获得动能，一旦能量超过临界能量，就可以通过碰撞电离进一步产生自由电子。每个电子参与的级联电离率通过电子-离子逆轫致辐射给出[51]：

$$\eta_{\mathrm{IB}}^{\mathrm{ei}} = \frac{1}{\omega^2\tau^2+1}\left[\frac{e^2\tau}{cn_0\varepsilon_0 m_c\left(\frac{3}{2}\right)\widetilde{\Delta}}I - \frac{m_c\omega^2\tau}{M}\right] \tag{2-27}$$

其中：τ 为碰撞之间的时间间隔；c 为真空中的光速；I 为辐照度；n_0 为频率 ω 时的介质折射率。电子和液体分子的质量分别为 m 和 M。对于大的辐照度，级联电离率正比于 I[52]。

电子-离子逆轫致净吸收系数由下式给出[53,54]：

$$\alpha_{\mathrm{IB}}^{\mathrm{ei}} = \frac{n_e^2 e^6 \overline{g}}{6\varepsilon_0^3 c \hbar \omega^3 m_e^2}\sqrt{\frac{m_e}{6\pi k_B T_p}}\left[1 - \exp\left(-\frac{\hbar\omega}{k_B T_p}\right)\right] \tag{2-28}$$

其中，$\overline{g}$ 为平均冈特因数，

$$\overline{g}(\omega, T_e) = \frac{\sqrt{3}}{\pi}\exp\left(-\frac{\hbar\omega}{2k_B T_e}\right)K_0\left(\frac{\hbar\omega}{2k_B T_e}\right) \tag{2-29}$$

其中，$K_0(x)$ 为修正贝塞尔函数。

另外，$\alpha_{\mathrm{IB}}^{\mathrm{ei}}$ 可以表示为[55]

$$\alpha_{\mathrm{IB}}^{\mathrm{ei}} \approx C \cdot \lambda^3 \frac{Z^2 n_i n_e}{\sqrt{T_p}}\left[1 - \exp\left(-\frac{\hbar\omega}{k_B T_p}\right)\right] \tag{2-30}$$

其中，当 λ 在微尺度时，$C \approx \dfrac{2\sqrt{2}\,e^6}{3\sqrt{3\pi}\,\hbar\,c^4 m_e^{\frac{3}{2}}\sqrt{k_B}} \approx 1.37\times 10^{-35}$。

Wu 和 Shin 给出了电子-原子的逆轫致辐射吸收系数的计算公式[56]：

$$\alpha_{\mathrm{IB}}^{\mathrm{ei}} = \frac{e^2 n_e n_i \sigma_c}{\pi m c v^2}\sqrt{\frac{8k_B T_e}{\pi m}} \tag{2-31}$$

其中：c 为真空中的光速；n_i 为离子的总数。

4. 原子的光电离吸收系数

由液体的热分解产生的原子的光电离吸收系数可以通过如下公式计算[56,53]：

$$\alpha_{\mathrm{PI}} = \sum_{n=n_1}^{\infty}7.9\times 10^{-22}\frac{1}{Z^2}\left(\frac{\theta_{a,i}}{nh v}\right)^3\left(n_a\frac{2}{g_a}\right)\exp\left(\frac{-\theta_{a,i}}{k_B T_p\left(1-\frac{1}{n^2}\right)}\right) \tag{2-32}$$

其中：

$$n = \mathrm{integer}\left[\sqrt{\frac{\theta_{a,i}}{h v}}\right] \tag{2-33}$$

$\theta_{a,i}$ 为粒子 i 的电离势。

式(2-33) 指出，光子能量比在原子中的电子结合能更大，这个条件可确定总和的下限。

总的吸收系数 a_t 是电子-离子和电子-原子的逆轫致辐射吸收系数和光电离吸收系数的总和，即

$$\alpha_t = \alpha_{IB}^{ei} + \alpha_{IB}^{ea} + \alpha_{pi} \tag{2-34}$$

5. 热电离

通常近激光加热表面的等离子生成是热离化。等离子中的电子平衡与离子浓度通过萨哈等式表式[54]：

$$\frac{n_e n_i}{n_a} = \frac{2g_i}{g_a} \left(\frac{2\pi m_e k_B T_p}{h^2} \right)^{\frac{3}{2}} \exp\left(-\frac{\theta_i}{k_B T_p} \right) \tag{2-35}$$

其中：θ_i 为原子 i 的电离能；g_i 为离子的电子配分函数，$g_i = 1$；g_a 为原子的电子配分函数，

$$g_a = \sum_{n=1}^{n^*} 2n^2 \exp\left[-\frac{\theta_i}{k_B T_p} \left(1 - \frac{1}{n^2} \right) \right] \tag{2-36}$$

其中：

$$n^* \approx \frac{Z \sqrt[3]{n_p}}{a_0} \tag{2-37}$$

a_0 为玻尔半径。

6. 等离子中电子的扩散损失

电子的扩散损失取决于等离子体区域的形状。在液体中，等离子体区域可被认为是椭圆形。在 Kennedy 的模型[51]中，椭球可用半径为 w_0（束腰半径）和长度为 $z_R = \pi w_0^2 / \lambda$（$\lambda$ 为激光束的瑞利长度）的圆柱体来近似表示。这导致每个电子的扩散速率可表示为

$$\eta_{diff} = \frac{2\tau\varepsilon_{av}}{3m_e} \left[\left(\frac{2.4}{\omega_0} \right)^2 + \left(\frac{1}{z_R} \right)^2 \right] \tag{2-38}$$

相同的公式也可以应用于激光照射在液体中固体表面的情况，用来代替等离子体的实际厚度 z_R。

7. 重组损失

在计算水的光学击穿时，Docchio 通过对等离子发光[57]的衰减检查确定了一个经验值，

$$\left(\frac{d\rho_c}{dt} \right)_{rec} = -2 \times 10^{-9} \, (\text{cm}^3/\text{s}) \times \rho_c^2 \tag{2-39}$$

在现实中，水中自由电子的重组不是单步过程，而是存在大约 300 fs 的电子水合作用和平均寿命约为 300 ns 的水合状态的后续衰变[58]。

8. 等离子体的热导率

等离子的电子导电性 λ_e 可以通过 Spitzer-Härm 表达式来计算[59]，

$$\lambda_e = \delta_T 20 \left(\frac{2}{\pi} \right)^{\frac{3}{2}} \frac{(k_B T_e)^{\frac{5}{2}} k_B}{\sqrt{m} e^4 Z(\ln\Lambda)} \tag{2-40}$$

其中：$\ln\Lambda$ 为库仑对数，

$$\Lambda = \frac{3}{2e^3 \sqrt{\frac{k_B^3 T_e^3}{\pi n_e}}} \tag{2-41}$$

Z 为离子平均电荷，当 $Z=1$ 时，$\delta_t = 0.225$。当 $\Lambda < 1$ 时，Spitzer-Härm 表达式无效，热导率可以计算为[60]

$$\lambda_e = \frac{5}{2}\sqrt{\frac{2}{\pi}}\frac{k_B (k_B T_e)^{\frac{5}{2}}}{\sqrt{m_e}Ze^4\Lambda_R}\left(\frac{52}{15}+\frac{16}{15}\frac{\sqrt{2}}{Z}\right)^{-1} \tag{2-42}$$

其中，

$$\Lambda_R = \frac{1}{2}\cdot\frac{\eta-1-\ln\eta}{(1-\eta)^2},\ \eta = \frac{1}{\lambda^2} \tag{2-43}$$

$$\lambda = \frac{\lambda_D}{b_c} \tag{2-44}$$

$$\lambda_D = \frac{k_B T}{\sqrt{4\pi e^2 n_i (Z+Z^2)}} \tag{2-45}$$

$$b_c = \frac{Ze^2}{3k_B T} \tag{2-46}$$

9. 自由电子的速率方程

在液体的导带，激光的影响为一般形式的情况下，电子密度率 ρ_c 的时间演变可由下式给出[61,47]：

$$\frac{d\rho_c}{dt} = \left(\frac{d\rho_c}{dt}\right)_{photo} + \left(\frac{d\rho_c}{dt}\right)_{therm} + \left(\frac{d\rho_c}{dt}\right)_{casc} + \left(\frac{d\rho_c}{dt}\right)_{diff} + \left(\frac{d\rho_c}{dt}\right)_{rec}$$

$$= \left(\frac{d\rho_c}{dt}\right)_{photo} + \left(\frac{d\rho_c}{dt}\right)_{therm} + \eta_{casc}n_e - \eta_{diff}n_e - \eta_{rec}n_e \tag{2-47}$$

式(2-47)的定义：

第一项：在激光聚焦处，自由电子的生产由强电场调整（由多光子和隧道电离所致的光电离）。

第二项：热离化产生的自由电子。

第三项：级联电离产生的自由电子。

第四项：自由电子的扩散损失。

第五项：自由电子的重组复合损失。

级联电离率 η_{casc} 与扩散损失率 η_{diff} 正比于已经产生的自由电子数，而重组率 η_{rec} 与 ρ_c^2 成正比，因为它包含两个带电粒子的交互（一个电子-空穴对）[47]。

有学者认为，在激光脉冲期间，自由电子密度的临界值超过 $10^{18} \sim 10^{20}\ cm^{-3}$ [49]。

10. 等离子体中电子和颗粒的内部能量密度[62,56]

$$E_e = \frac{3}{2}n_e k_B T_e + \sum n_i \theta_i \tag{2-48}$$

$$E_p = \frac{3}{2}n_p k_B T_p + n_{p,0} E_{l,diss} \tag{2-49}$$

其中：式(2-48)的总和是指等离子体中的所有粒子；θ_i 为等离子体中原子i的电离能；$E_{l,diss}$ 为液体分子的总离解能；下标 p 表示颗粒。

11. 电子的能量平衡方程

电子通过吸收激光和释放能量或通过与原子和离子碰撞、传导、辐射和等离子体膨胀获得能量。对于固体表面水约束的等离子体厚度 L，Wu 等给出了电子能量平衡方程[56]：

$$\frac{d(LU_e)}{dt} = I(1-R_{wp})[1-\exp(-a_tL)] + I(1-R_{wp})\exp(-a_tL)R_c$$

$$-\frac{3}{2}k_B(T_e-T_p)\nu_{tr}n_eL - q_{cdc} - q_{cdw} - (1-R_c)\sigma T_e^4 - (1-R'_{wp})\sigma T_e^4$$

$$-p_e(u_{w,pre} + u_{wev} + u_{c,pre} + u_{cev}) \qquad (2-50)$$

$$\nu_{tr} = \frac{2m_e}{m_{p,ave}n_p\sigma_c\sqrt{\dfrac{8k_BT_e}{\pi m_e}}} \qquad (2-51)$$

其中：L 为等离子层的厚度；U_e 为电子的能量密度；I 为激光功率密度；R_{lp} 和 R'_{lp} 分别为液体-等离子交界面反射到激光和等离子体的辐射；R_c 和 R'_c 分别为固体表面反射到激光和等离子体的辐射；σ 为史蒂芬-波兹曼常数，P_e 为电子的分压；a_t 为总吸收系数；q_{cdc} 和 q_{cdw} 分别为从等离子体传导到固体表面和液体表面的热通量；ν_{tr} 为电子-颗粒能量传递频率；$m_{p,ave}$ 为平均的粒子质量；σ_c 为电子-颗粒的碰撞截面；$u_{w,pre}$ 和 u_{wev} 分别为压力和蒸发引起的液体表面的后退速度；$u_{c,pre}$ 和 u_{cev} 分别为压力和蒸发引起的固体表面的后退速度。

12. 从等离子体到相邻物质的热通量[63, 64, 56]

Wu 和 Shin[56] 提出的以水作为约束介质的激光冲击强化公式为

$$q_c = \min\left[\lambda_e\frac{T_e-T_m}{0.5L}, fn_ek_BT_e\sqrt{\frac{k_BT_e}{m_e}}\right] \qquad (2-52)$$

其中：T_m 为相邻介质的温度；f 为一个无量纲数，约为 $0.03\sim0.1$[63]。

等离子体的总压力 P 是电子分压和颗粒分压的总和。

$$P = P_e + P_p = k_BT_en_e + k_BT_pn_p \qquad (2-53)$$

其中，下标 p 表示颗粒。

13. 激光脉冲长度对光学击穿阈值的影响

水溶液中的光学击穿阈值如图 2-7 所示。其中，圆圈表示单位为 W/cm^2 的实验数据，实线是对 800 nm 激光采用电子密度临界值 $\rho_{cr}=10^{21}\ cm^{13}$ 时的计算结果。

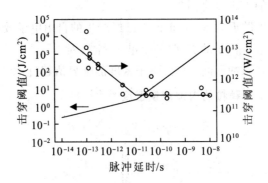

图 2-7　水溶液中的光学击穿阈值

光学击穿是一个随机过程，它依赖于液体中难以避免的微粒杂质；在低能量密度的激光作用下并非在每一个激光脉冲作用中发生。每个脉冲发生光学击穿的能量比能发生击穿的最低能量高 10 倍[65]。

表 2-1 所示为一些常见溶剂的光学击穿阈值相比于水的光学击穿阈值。

表 2 - 1　Nd：YAG 激光作用于各种液体的光学击穿阈值相比于水的光学击穿阈值[65]

液体	$I_{th}/I_{th，水}$
水	1.00
庚烷	0.4
乙醇	0.47
苯	0.36
四氯化碳	0.28

14. 液体中击穿阈值的影响因素

液体中的光学击穿阈值因悬浮颗粒[66]和溶解气体的存在而降低[67, 68]。

Bunkin 和 Lobeev[68]研究了 Nd：YAG 激光光学击穿在水中依赖于温度和溶解电解质浓度的概率。Kennedy 等的研究表明[69]，杂质在脉冲长度大于 $10 \sim 100$ ps 的情况下，水的纯度影响击穿阈值，但不适用于更短的激光脉冲(波长 1064 nm)。对于纯净水，Vogel 等[70]通过计算表明，激光波长仅从 $1 \sim 10$ ps 脉冲长度开始影响击穿阈值。

15. 水中激光击穿和消融的温度与压力

图 2-8 和 2-9 所示为激光击穿和等离子体温度的一些实验案例。在图 2-9 中，激光：$\tau = 30$ ns，$P_{ave} = 50$ W，光斑尺寸 $R_0 = 1$ mm；脉冲形状：斜坡上升、斜坡下降和矩形[71]。图 2-10 所示为在固-液界面的激光诱导等离子体发光的空间分布，其中，每帧曝光时间为 13 ns。白色虚线表示粗略估计靶表面的位置[72]。

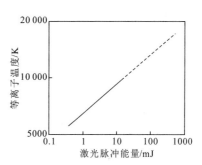

图 2-8　在水中光学击穿条件下，最大等离子温度与激光脉冲能量的关系[69]

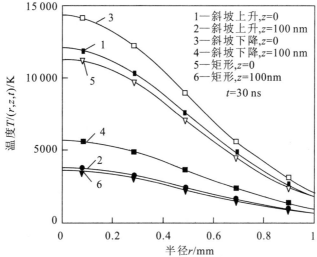

图 2-9　距离 $z = 0$ 和 $z = 100$ nm 时激光照射水中铁靶的径向温度分布的解析结果

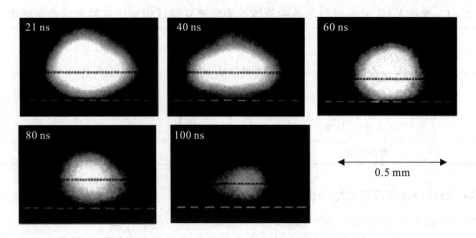

图 2-10　脉冲 Nd:YAG 激光辐照在水中的石墨靶产生的一系列光发射区的成像

　　与空气中或真空中的激光等离子体相比，由液体或固体约束的等离子体具有更高的温度、密度和压力。

　　Sakka 等[70] 的研究表明，在液体环境下的激光加工中产生的典型等离子体既不薄也不密，存在一个在连续背景下自吸逆转骤降的加宽线谱。

2.3　液体和固体中的冲击波

1. 相关物理量

ρ_0—— 冲击波波前的密度；

ρ—— 冲击波波后的密度；

$\dot{m}$—— 材料通过冲击波的质量流；

P_0—— 冲击波波前的压力；

P—— 冲击波波后的压力；

e_0—— 冲击波波前的比内能；

e—— 冲击波波后的比内能；

U_s—— 冲击波速度；

u_p—— 冲击波波后的粒子速度；

u_0—— 冲击波前相对于冲击波的粒子速度，$u_0 = -u_s$；

u—— 冲击波后相对于冲击波的粒子速度，$u = u_p - u_s$；

h—— 焓；

h_t—— 总焓；

v_0—— 冲击波前的比容；

v—— 冲击波后的比容；

ε_{xx}—— 应变张量的 xx 分量；

σ_{xx}—— 应力张量的 xx 分量；

μ, λ—— 拉梅常数；

Γ——Grüneisen 系数（Mie-Grüneisen 系数）。

在液体辅助激光加工中，冲击波通常被认为是材料性质、密度、压力、粒子速度和内部能量在空间上不连续性。在液体和固体的冲击前部宽度只有几埃的量级，这是合理的。

在冲击波前两侧物质的属性由以下守恒关系确定[73]：

2. 守恒关系

质量守恒：

$$\rho_0 U_s = \rho(U_s - u_p) = \dot{m} \qquad (2-54)$$

线性动量守恒：

$$p - p_0 = \rho_0 U_s u_p \qquad (2-55)$$

能量守恒：

$$pu_p = \rho_0 U_s \left(\frac{1}{2} u_p^2 + e - e_0 \right) \qquad (2-56)$$

对于固体，式（2-55）和式（2-56）也可写成（冲击波在 x 方向传播）[74]：

$$\sigma_{xx} = p_0 + \rho_0 U_s u_p \qquad (2-57)$$

$$\rho_0 U_s \left(e - e_0 + \frac{1}{2} u_p^2 \right) = \sigma_{xx} u_p \qquad (2-58)$$

3. Rankine-Hugoniot 关系

运动冲击波前坐标的守恒关系：

$$\rho u = \rho_0 u_0 \qquad (2-59)$$

$$p + \rho u^2 = p_0 + \rho_0 u_0^2 \qquad (2-60)$$

$$\frac{p}{\rho} + e + \frac{1}{2} u^2 = \frac{p_0}{\rho} + e_0 + \frac{1}{2} u_0^2 \qquad (2-61)$$

4. 伯努利方程

$$h + \frac{1}{2} u^2 = h_0 + \frac{1}{2} u_0^2 = h_t \qquad (2-62)$$

5. 雨贡纽方程

$$e - e_0 = \frac{1}{2}(p - p_0)(v_0 - v) \qquad (2-63)$$

6. 瑞利方程

$$\rho_0^2 U_s^2 = \rho_0^2 u_0^2 = \rho^2 u^2 = -\frac{p - p_0}{v - v_0} \qquad (2-64)$$

该材料的单位质量动能在实验室中的框架坐标下通过冲击波的增长：

$$\frac{1}{2} U_p^2 = (u - u_0)^2 = \frac{1}{2}(p - p_0)(v_0 + v) \qquad (2-65)$$

该材料的单位质量动能在冲击波前确定坐标下通过冲击波的损失：

$$\frac{1}{2}(u_0 - u)^2 = \frac{1}{2}(p - p_0)(v + v_0) \qquad (2-66)$$

冲击阻抗：

$$Z = \rho_0 U_s \qquad (2-67)$$

在液体和固体中，冲击波和粒子速度之间的关系通常可以进行线性拟合（见图 2-11 和表 2-2）。在图 2-11 中，空心圈是重新处理的 Los Alamos 标准数据。实心圆是两个阶段的轻气泡数据。实验的不确定性在符合的大小范围内。虚线是线性拟合，实线是二次拟合[76]。

$$U_s = C_0 + Su_p \qquad (2-68)$$

其中，C_0 为冲击波前的声速。

在式（2-68）和冲击波前的跳转条件下，雨贡纽压力和内能可表示为[74]

$$p = \frac{\rho_0 C_0^2 \eta}{(1-S\eta)^2} \qquad (2-69)$$

$$e = \frac{\eta p}{2\rho_0} \qquad (2-70)$$

其中：

$$\eta = 1 - \frac{V}{V_0} = 1 - \frac{\rho_0}{\rho} \qquad (2-71)$$

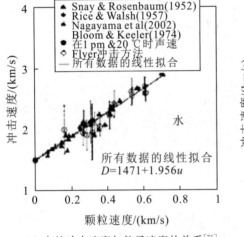 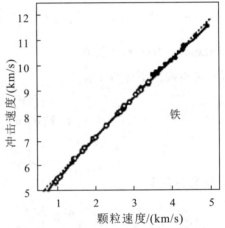

（a）水的冲击速度与粒子速度的关系[75] （b）铁的冲击速度与粒子速度的关系[76]

图 2-11　冲击速度与粒子速度的关系

表 2-2　一些液体的冲击波和颗粒速度之间的关系[77, 78]

液体	冲击速度 /(m/s)
丙酮	$U_s = 1940 + 1.38\, u_p$
乙醇	$U_s = 1730 + 1.75\, u_p$
乙醚	$U_s = 1700 + 1.46\, u_p$
乙二醇	$U_s = 2150 + 1.55\, u_p$
水银	$U_s = 1750 + 1.72\, u_p$
液氧	$U_s = 1880 + 1.34\, u_p$
水	$U_s = 1483 + 1.79\, u_p$

7. Mie-Grüneisen 状态方程

冲击波压缩体的状态方程与线性 $U_s(u_p)$ 的关系式（2 - 68）可以由 Mie-Grüneisen 方程推出：

$$p(V) = p_0(V) + \frac{\Gamma(V)}{V}[e(V) - e_0(V)] \tag{2-72}$$

利用改进的 Rankine-Hugoniot 关系（由式（2 - 54）和式（2 - 56））消除 u_p 和 U_s 后得到

$$e - e_0 = \frac{1}{2}(V_0 - V)(p + p_0) \tag{2-73}$$

其中，$V \equiv 1/\rho$。

结合式（2 - 69）、式（2 - 72）和式（2 - 73）得到

$$p = p_0(1 - \Gamma\eta) + \frac{\rho_0 C_0^2 \eta}{(1 - S\eta)^2} \cdot \left(1 - \frac{\Gamma\eta}{2}\right) + \Gamma\rho_0(e - e_0) \tag{2-74}$$

在式（2 - 74）中，假设被冲击物体是在静水中压缩；对固体来说，这意味着该冲击压力比材料的屈服强度大得多。

8. 固体弹塑性冲击波（以 x 方向传播）

弹性冲击波：

$$\sigma_{xx} = (\lambda + 2\mu)\varepsilon_{xx} \tag{2-75}$$

$$\sigma_{yy} = \sigma_{zz} = \lambda\varepsilon_{xx} \tag{2-76}$$

如果弹性前驱波的后面发生屈服，冲击屈服应力 Y 为

$$Y = 2\mu\,\varepsilon_{xx} \tag{2-77}$$

在波前的静水压力为

$$p = \frac{1}{3}(\sigma_{xx} + \sigma_{yy} + \sigma_{zz}) = \left(\lambda + \frac{2}{3}\mu\right)\varepsilon_{xx} \tag{2-78}$$

Leonov 等[79] 证明利用 Zaharov 公式[80] 计算激光照射在玻璃-水界面的冲击压力是有效的，如果 $r > d_f$，则

$$p(r) = \Gamma \frac{E_a}{V_f} \frac{r_0}{r} \ln 2 \frac{1}{\ln\sqrt{\dfrac{r}{r_0}}} \tag{2-79}$$

其中：$r_0 = d_f/2$，d_f 为聚焦点的直径；E_a 为吸收激光能量；V_f 为聚焦体积；$\Gamma \approx 1.5$，为 Grüneisen 系数。绝热压缩的冲击速度近似值为

$$\frac{U^2(r)}{C_0^2} = \frac{p(r)}{\rho_0 C_0^2} \frac{1}{1 - \dfrac{\rho_0 C_0^2}{n}\left[p(r) + \dfrac{\rho_0 C_0^2}{n}\right]^{-\frac{1}{n}}} \tag{2-80}$$

其中，水的因子 $n \approx 7$。

2.4　空　　化

人们认识到空化气泡在诸如轮船螺旋桨和水力装置等固体表面上有破坏性效应后，就

开始对它的动力学原理产生兴趣。如果在流体中产生等离子体，激光诱导的空化就会发生。由于等离子体具有很高的温度，处于焦点处的物质会汽化。因此，为了对抗周围介质的外部压力就要做功，此时动能就转变成势能，储存在膨胀的空化气泡中。在不到 1 ms 的时间内，由于外部静压力的存在，气泡会向内破裂，从而气泡中的内含物(水蒸气和二氧化碳)被剧烈压缩。这样，压力和温度再次升高到与光学击穿期间达到的值相当，从而又导致气泡的回弹。通常在 1 s 内，整个过程重复许多次，直到所有的能量消耗掉，并且所有的气体被周围的液体吸收。

人们采用多种技术对空化气泡进行了很长时间的研究。Lauterborn(1972) 首创了高速摄影术。这种技术能使空化气泡的时域特性显像。要实施高速摄影术，帧速必须达到每秒百万帧以上。图 2-12 所示为空化气泡的动态特性，它以每秒 20 000 帧的速度拍摄，帧幅为 7.3 mm × 5.6 mm。气泡在明亮背景下显示为黑色，这是因为光从背面入射而被气泡壁偏转。而通过气泡的中心，照射光可以透过而不发生偏转。图中的气泡是用一个脉冲能量在 100 ～ 400 mJ 范围的 Q 开关红宝石激光器产生的空化气泡。当时延约为 300 μs 时，它的直径最大可达 2.05 mm。在第 8 帧(第一行最后一个)和第 13 帧(第 2 行第 5 个)分别可看到气泡的第一次和第二次闭合。

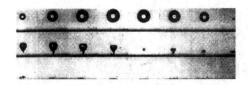

图 2-12　高速摄影捕捉到的空化气泡的动态特性

关于球形空化气泡闭合的理论首先由 Rayleigh(1917) 提出，他推导出了下列关系式：

$$r_{\max} = \frac{t_c}{0.915\sqrt{\dfrac{\eta}{p_{\text{stat}} - p_{\text{vap}}}}} \qquad (2-81)$$

式中：$r_{\max}$ 为空化气泡的最大半径；t_c 为闭合持续的时间；η 为流体的密度；p_{stat} 为流体的静压力；p_{vap} 为流体的蒸气压力。每个气泡闭合所需的时间与它最大半径成正比。另一方面，最大半径又直接与气泡能量 E_b 有下列关系：

$$E_b = \frac{4}{3}\pi(p_{\text{stat}} - p_{\text{vap}})r_{\max}^3 \qquad (2-82)$$

式(2-82)是由 Rayleigh (1917)提出的，说明了气泡能量是由它的最大体积和相应压力梯度所决定的。当所有的动能转化为势能时，气泡的能量就被确定了。

空化气泡在时域内的振荡可由图 2-13 所示的探测光束实验结果得到，实验中，以氦氖激光作为探测光束，从图中可看到 Nd:YLF激光(脉宽：30 ps)在水中产生的空化气泡的三个完整的振荡。如式(2-81)所假设的一样，随后振荡的时间与其振幅衰减的方式相同。为了测量空化半径对入射脉冲能量的依赖关系，可进行探测光束实验。图 2-14 所示为空化气泡的最大半径与入射脉冲能量的函数关系。图 2-13 及图 2-14 所示的实验中，空化是由 Nd:YAG 激光在水中产生的，收集的皮秒脉冲和纳秒脉冲的有关数据来自于 Zysset 等

(1989)。除了最低的能量值外，它们构成了一条斜率为 1/3 的直线。由于采用的是双对数坐标，则从实验上进一步验证了式(2-82)。

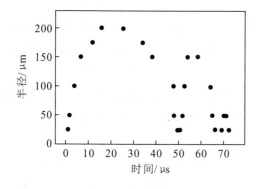

图 2-13　空化气泡脉动的实验检测结果

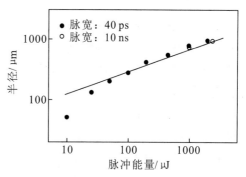

图 2-14　空化气泡的最大半径与入射脉冲能量的函数关系

图 2-15 所示为入射能量向空化气泡能量的转化关系。图(a)为空化气泡能量与 Nd：YAG 激光(脉宽：30 ps)产生的入射脉冲能量的函数关系，与图上的离散点吻合的直线斜率为 0.19。图(b)为空化气泡能量与 Nd：YAG 激光(脉宽：6 ns)产生的入射脉冲能量的函数关系，与图上的离散点吻合的直线斜率为 0.24。图 2-15 的数据来自 Vogel 等(1994)的研究，从中可得出对于皮秒脉冲，转换率约为 19％，而对于纳秒脉冲，其转化率约为 24％。Vogel 等(1998)也曾观察到：在第一个循环内空化气泡损失的能量约为 84％。这主要是由于声波的发射造成的。Ebeling(1978)以及 Fujikawa 和 Akamatsu(1980)进一步从理论上证实了这个结果。从式(2-82)也得到了下列结论：气泡引起的损伤(即损伤区的直径)与其所含能量的立方根成正比。这对于确定组织损伤的基本原因是很重要的。Vogel 等(1990)也曾观察到组织损伤可用脉冲能量的立方根来度量。

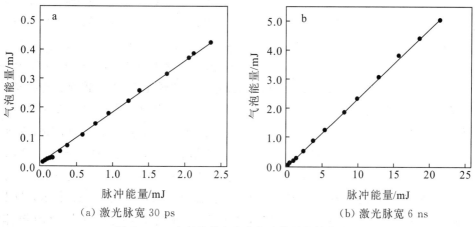

（a）激光脉宽 30 ps　　　　　　（b）激光脉宽 6 ns

图 2-15　入射能量向空化气泡能量的转化关系

2.5　射流的产生

Tomita 和 Shima(1986)的研究表明，在空化气泡闭合期间所形成的高速液体射流的冲击也许会对固体形成严重的损伤和侵蚀。Lauterborn(1974)、Lauterborn 和 Bolle(1975)用聚焦的 Q 开关激光脉冲照射流体以形成单个的空化气泡，第一次研究和描述了射流的产生。当空化气泡在固体边缘附近闭合时，就会产生指向它内壁的高速液体射流。如果气泡在闭合期间直接与固体边缘接触，射流就会对它的侧壁形成一个很高的冲击压力。这样，附着在固体上的气泡会存在最大的潜在损伤。

用高速摄影术对射流进行研究，产生的空化和射流的时域特征如图 2-16 所示，该图是以每秒 20 000 帧的速度拍摄(帧幅：7.3 mm×5.6 mm)。气泡闭合伴随反射流的形成(下面)。一个空化气泡在固体边缘附近形成(把一个黄铜金属块放置于每一帧的底部，可看到一个黑色条纹)，可由高速摄像术捕捉到。在气泡闭合期间就可观察到形成指向铜块的射流。Vogel 等(1989)曾指出射流速度可达 156 m/s 以上。相应于这个速度的水锤压力大约为 2 kbar。如果进一步减小空化气泡与固体边缘的距离，如图 2-16 底部的序列所示，就会在背离固体边缘的方向上形成反射流。

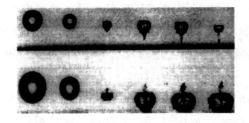

图 2-16　气泡闭合伴随着射流产生(上面)

射流的起源是什么，为什么只在固体边界附近发生？要回答这个问题，需进一步观察空化气泡的闭合过程。当气泡由于受到外部压力闭合时，周围的流体就向气泡中心加速流动。然而，在靠近固体边缘的一边有较少的流体存在，因此，气泡这一边的闭合就会发生得慢一些。这个结果最后导致了一个不对称的闭合。在较快闭合的一边，流体粒子就可得到一个额外的动能，因而对侧较慢闭合所形成的力(一种减速力)来得较晚。这就解释了为什么射流形成总是指向固体边缘。如果射流相对慢一些，那么闭合较慢一边的中心部分的速度甚至会大于射流本身的速度。这是可以接受的，因为直到气泡完全闭合时，靠近固体的一边一直在加速。这种情况下，就形成了指向相反方向的反射流。Vogel 和 Lauterborn(1988)以及 KMMM、Kucera 和 Blake(1988)分别从实验上和理论上分析了闭合气泡周围流体的流动轨迹。在气泡闭合期间，流体流动的轨迹如图 2-17 所示，数据来自 Vogel 和 Lauterborn(1972) 的研究。实验中得到的围绕闭合的空化气泡的流体轨迹 (pathline portrait)如图 2-17(a)所示，其中，气泡轮廓 0 代表气泡最大扩展态，而轮廓 1 和轮廓 2 为闭合期间的后续阶段。图 2-17(b)所示为 Kucera 和 Blake(1988)用闭合的气泡壁上的若干点计算得到的轨迹。

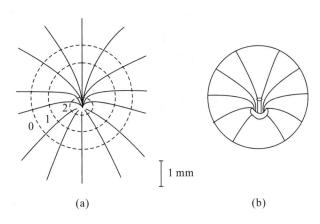

图 2-17　闭合气泡周围的流体流动的轨迹

如果较早的激光脉冲产生后遗留下来的气泡受到后续脉冲产生的瞬态声波的冲击，射流形成的损伤效果会极大地提高。Vogel 等(1990)研究表明，如果气泡附着在角膜组织上，由 4 mJ 脉冲产生的损伤范围直径可直达 2~3.5 mm。然而，对于非常小的气泡，由于体积小并且有较强的表面张力，它们会很快地溶解。

2.6　高温水和水蒸气中氧化物的行为

Dolgajev 等[81] 和 Hidai、Tokura[82] 指出，在水中的激光加工固体时水热溶解可发挥重要的作用。

当水的温度和压力从正常上升到超临界值，许多通过激光加工产生的氧化物的溶解度将上升数百倍[83]。表 2-3 所示为在 500℃ 和 1000 个大气压(100 MPa)条件下，一些氧化物在纯净水中的溶解性(Matson 和 Smith[84])。

表 2-3　一些氧化物在纯净水中的溶解性

氧化物	溶解度 /(mg/L)
UO_2	0.2
Al_2O_3	1.8
SnO_2	3.0
NiO	20
Nb_2O_5	28
Ta_2O_5	30
Fe_2O_3	90
SeO	120
SiO_2	2600
GeO_2	8700

许多氧化物通过与水蒸气反应形成挥发性氢氧化物。即使在实验室空气的湿度下，在

高温暴露过程中可能产生高挥发性的氢氧化物和氢氧化合物[86]（见表 2-4 和图 2-18）。在图 2-18 中，虚线是由 Krikorian 基于羟基的拟卤化物行为估计的热力学函数计算得到的。实线是由 Allendorf 等的热力学函数从头计算而来的。由 Allendorf 计算的 SiO(OH)(g) 的蒸气压太低而未出现在图 2-18 中。

表 2-4 某些金属和氢氧化硅的产生和热力学数据[85]

族	反应	$\Delta_r H_{298}^0$ /(kJ/mol)	$\Delta_r S_{298}^0$ /(J/mol·K)	D_{298}^0 /(M-OH)/(kJ/mol)	M-OH 键的几何形状
Ⅷ	$\frac{1}{2}Fe_2O_3(s) + \frac{1}{2}H_2O(g)$ $= Fe(OH)(g) + \frac{1}{2}O_2(g)$	653	213	334	线性
		669	229	318	弯曲
	$\frac{1}{2}Fe_2O_3(s) + H_2O(g)$ $= Fe(OH)_2(g) + \frac{1}{4}O_2(g)$	324	102	411	弯曲
ⅠB	$CuO(s) + \frac{1}{2}H_2O(g)$ $= Cu(OH)(g) + \frac{1}{4}O_2(g)$	400	145	260	线性
		429	161	230	弯曲
ⅡB	$ZnO(s) + H_2O(g)$ $= Zn(OH)_2(g)$	201	55	300	弯曲
ⅢA	$\frac{1}{2}Al_2O_3(s) + \frac{1}{2}H_2O(g)$ $= Al(OH)(g) + \frac{1}{2}O_2(g)$	779	199	549	—
	$\frac{1}{2}Al_2O_3(s) + \frac{1}{2}H_2O(g)$ $= AlO(OH)(g)$	498	134	566	—
	$\frac{1}{2}Al_2O_3(s) + H_2O(g)$ $= Al(OH)_2(g) + \frac{1}{4}O_2(g)$	572	121	458	—
	$\frac{1}{2}Al_2O_3(s) + \frac{3}{2}H_2O(g)$ $= Al(OH)_3(g)$	188	-7.3	487	—
	$\frac{1}{2}Ga_2O_3(s) + \frac{1}{2}H_2O(g)$ $= Ga(OH)(g) + \frac{1}{2}O_2(g)$	550	211	428	线性
		570	224	408	弯曲

续表

族	反应	$\Delta_r H^0_{298}$ /(kJ/mol)	$\Delta_r S^0_{298}$ /(J/mol·K)	D^0_{298} /(M-OH)/(kJ/mol)	M-OH 键的几何形状
ⅣA	$SiO_2(s) + \frac{1}{2}H_2O(g)$ $= SiO(OH)(g) + \frac{1}{4}O_2(g)$	675	190	297	线性
		718	188	254	弯曲
	$SiO_2(s) + H_2O(g)$ $= SiO(OH)_2(g)$	260	62	436	线性
		317	64	408	弯曲
	$SiO_2(s) + 2H_2O(g)$ $= SiO(OH)_4(g)$	45	-76	487	弯曲

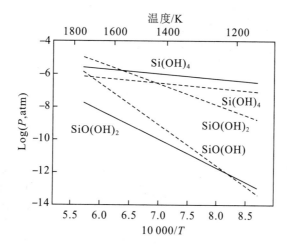

图 2-18 SiO_2 中 Si-OH 成分的蒸气压，其中 $x(H_2O) = 0.37$，$P(total) = 1\ bar$[85]

第3章　溶液辅助激光加工中的流场分析

3.1　喷嘴内流场的数值模拟[87]

研究不同结构的喷嘴内流场能量和速度的损耗情况，因为水射流在喷到固体的壁面时动能会有相当大损失，所以其研究对后续的水射流激光划片技术可起到一定的参考作用。

3.1.1　数值分析过程

1. 创建几何模型

Gambit 作为流体软件 Fluent 的专用前处理软件，具备非常完备的几何建模能力，可与当今主流的 CFD 软件进行无缝对接，从而实现 CAD 软件和 CFD 软件的协同仿真。激光水射流喷嘴流场的数值模拟将在 Gambit 软件中进行建立几何模型、网格的划分、边界条件的设定等工作。

本节研究的喷嘴结构实体是完全轴对称的结构，因此可采用二维平面模型进行等效计算。Gambit 软件中的具体建模思路和通用的 CAD 软件一样，都是按点、线、面、体的先后顺序建立起来的。图 3-1 所示为平直形喷嘴在 Gambit 中的模型网格划分。

网格划分的控制一般是从底层的边开始划分的，也可以直接从面入手划分面网格。边网格划分是通过间距及分段来控制边网格的疏密程度。控制边网格分布密度分段有单边和双边两种方法，本节采用的是单边控制方法。基于前面所述的结构化网格的优势和几何模型简单的实际情况，内流场仿真的几何模型网格类型采用结构化网格四边形单元，单边控制间距为 0.1 mm。图 3-2 所示为圆锥形喷嘴的内部网格划分。

图 3-1　平直形喷嘴在 Gambit 中的模型网格划分

图 3-2　圆锥形喷嘴的内部网格划分

2. 边界条件的设定

在 GAMBIT 中的边界条件有很多种，需要根据具体的情况而确定模型的边界条件。具体的边界条件设置如图 3-3 所示。本节仿真中采用的边界条件是入口速度和出口压力，壁面为无滑移壁面。其中入口速度 $v = 12$ m/s，出口压力为 0.1 MPa，即标准状况下的一个大气压。

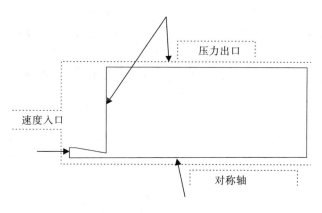

图 3-3　边界条件设置

3. 求解方法的设定及其控制

基于湍流模型中标准的壁面函数的 κ-ε 单项流进行模拟，求解器采用 SIMPLE 算法，并采用标准的初始化入口，可得到四种不同喷嘴的流场情况。研究喷嘴内部流场分布情况是为了更好地了解哪种结构形状的喷嘴能够更好地集中能量于喷嘴的出口。由于水射流从喷嘴入口流入后经过喷嘴内部，水射流碰撞到喷嘴的内壁时，水射流的能量会损失，因此，喷嘴结构形状的设计对于研究射流的能量损耗和集中是至关重要的。

3.1.2　仿真结果分析

1. 压力对比分析

通过仿真比较四种不同结构形状的喷嘴压力云图（见图 3-4）。从图中可得出：相比平直形喷嘴，具有收缩角度的锥形、锥/圆柱形和圆锥形喷嘴从入口到达出口处压力更容易

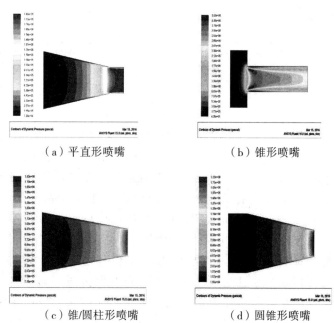

（a）平直形喷嘴　　　　　　　　　　（b）锥形喷嘴

（c）锥/圆柱形喷嘴　　　　　　　　　（d）圆锥形喷嘴

图 3-4　四种喷嘴的压力云图

集中。从云图可以看出这三种喷嘴出口的压力数值大小是处在一个量级上的。出口压力可作为选择喷嘴的参考标准，但不能以此为唯一参考量，下面可通过喷嘴内部的速度云图和喷嘴出口处的速度点线图进一步观察研究。

图 3-5 中的（a）、（b）、（c）、（d）分别表示平直形喷嘴、锥形喷嘴、锥／圆柱形喷嘴、圆锥形喷嘴的出口端面沿直径方向的压力点线图。

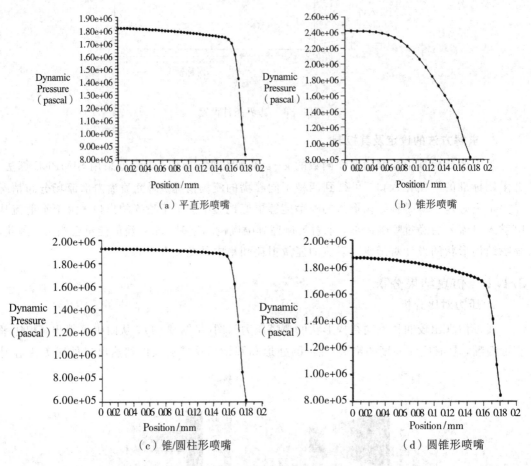

（a）平直形喷嘴　　　　　　　　　　　　　　（b）锥形喷嘴

（c）锥/圆柱形喷嘴　　　　　　　　　　　　（d）圆锥形喷嘴

图 3-5　　四种喷嘴的压力点线图

从图 3-5 中可以更加直观地知道四种不同结构的喷嘴出口处的压力值。平直形喷嘴在出口处所能达到的最大压力为 2.41 MPa，从直角坐标系的压力点线图可知其衰减的速度很快，压力曲线上的压力值几乎呈线性递减。锥形喷嘴出口处最大压力值为 1.81 MPa，压力在出口处沿直径方向的衰减速度比平直形喷嘴缓慢得多，在喷嘴沿直径方向半径值等于 0～0.165 mm 范围内，压力衰减很小，几乎保持直线不变。在 0.165～0.18 mm 沿直径方向的半径值范围内，压力衰减速度急剧增大，这种现象在实际实验中不容易捕捉到；锥/圆柱形喷嘴出口处最大压力值为 1.91 MPa，同样在 0～0.166 mm 的范围内，压力值变化很小，几乎能够保持压力最大值不变。在保持这个压力值的情况下，水射流在喷嘴内壁流动。在 0.165～0.18 mm 的范围内，压力值同样呈直线下降。圆锥形喷嘴出口处最大压力值为 1.88 MPa，在相同的范围内其压力衰减速度比锥/圆柱形喷嘴稍微大一点，但一直保持一个很大的压力值。与锥形喷嘴相比，在相同的范围内，其压力衰减程度几乎相同。

2. 速度对比分析

图 3-6 所示为四种喷嘴的速度云图，从图中可以直观地看到后三种喷嘴结构形状不仅有利于压力的集中，也有利于速度的集中。对速度云图上出口处的速度进行比较，锥/圆柱形喷嘴最大，其次是圆锥形喷嘴，最后是锥形喷嘴(注：虽然平直形喷嘴的速度能达到要求，但并非是在出口处)。为了更加详细地了解出口圆面处具体速度值的大小，将以点线图的形式展示。四种喷嘴出口速度的点线图如图 3-7 所示。

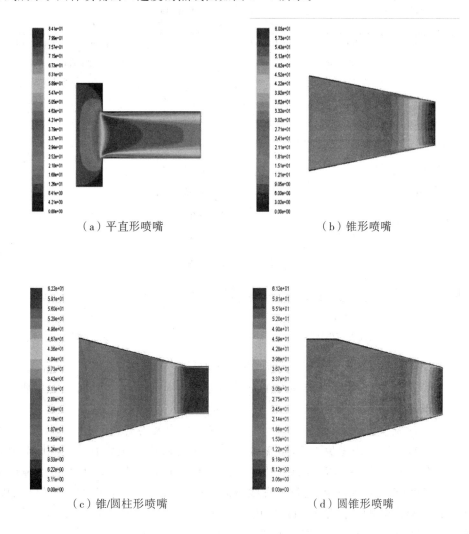

（a）平直形喷嘴　　　　　　　　　　　　　（b）锥形喷嘴

（c）锥/圆柱形喷嘴　　　　　　　　　　　　（d）圆锥形喷嘴

图 3-6　四种喷嘴的速度云图

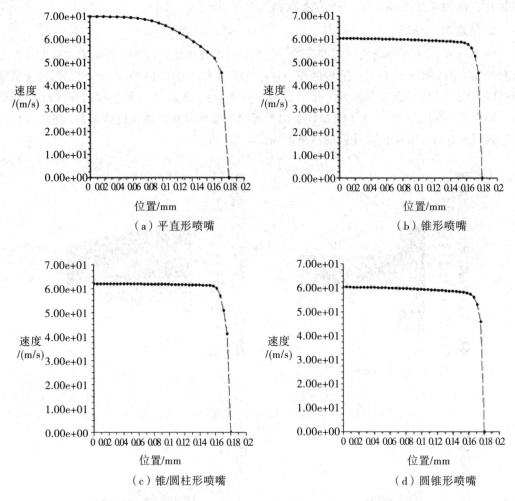

图 3-7　四种喷嘴出口速度的点线图

由图 3-7 可知，喷嘴出口的端面中心处的速度值是最大的，射流速度在某一范围内有一个平滑递减的过程。对于不同的喷嘴结构，其衰减的程度也不一样，最后水射流到达喷嘴的内壁壁面时，速度损耗殆尽变成零。这是因为射流到达喷嘴的内壁并与之发生能量交换，这种现象完全符合流体力学当中的动量守恒定律。在图（a）中可以看到平直形喷嘴速度的最大值为 70 m/s，在最大速度值后面有一段曲线段的速度衰减过程，当速度值降到 50 m/s 后就开始直线下降，这种现象可以解释为喷嘴内壁的加工粗糙度对其造成的影响。在相同的范围内，图（b）的锥形喷嘴、图（c）的锥/圆柱形喷嘴和图（d）的圆锥形喷嘴的速度衰减程度很小。它们各自速度的最大值分别为 60 m/s、62.5 m/s、61.2 m/s。

3.1.3　理论验证

在实验室中用烧杯和秒表测量 1000 mL 的水从喷嘴喷射出来所需要的时间来评估喷嘴出口的速度值，按照以下公式计算：

$$v_j = \frac{V}{\pi r_0^2 t} \tag{3-1}$$

其中：v_j 为水流在喷嘴出口处的速度值；V 为实验用水的体积；r_0 为喷嘴出口的直径；t 为水射流喷射完 1000 mL 水所需要的时间。

　　把平直形喷嘴、锥形喷嘴、锥/圆柱形喷嘴、圆锥形喷嘴四种喷嘴分别分组对应 a、b、c、d 四组序号进行实验数据的采集。用烧杯量取 1000 mL 的纯水，从泵开启开始计时，以水流流出喷嘴出口到纯水完全被泵从蓄水容器中吸干喷射出停止为一组实验时间数据，再根据公式算出喷嘴出口的速度值。已知条件：定量水的体积 $V = 1000$ mL，喷嘴出口直径为 0.36 mm。根据实验采集到以下数据，把实验数据和仿真喷嘴出口的数值进行比较，发现两者有一定的误差。具体的数值如表 3-1 所示。

表 3-1　水喷嘴射流实验与仿真速度对比

速度 \ 组号	实验速度	仿真速度	误差
a	67.8	70	3.2%
b	58.2	60.5 .	3.9%
c	59.3	60.5	5.3%
d	58.1	60.4	3.9%

　　通过把仿真结果中喷嘴出口处的平均速度值和实验所得的速度值进行验证对比，发现四种喷嘴结构的实验速度与数值模拟出来的速度值存在一定的误差。造成实验与数值模拟之间的误差可能的原因包括两个方面。在实验中，由于喷嘴内部不够光滑，导致了喷嘴射流在碰到壁面时能量损耗过大。在数值模拟中，网格的数量不够多、网格密度和现实情况的密度分布没很好地吻合，也会导致误差。但误差在可以接受的范围内。

3.1.4　小结

　　本节简要地介绍了计算流体力学一些基本的求解流场过程，其中包括计算模型的建立、单元网格类型、网格特点和使用范围、网格划分控制方法、边界条件的设定、后续的求解控制等基本知识，并得出以下几点分析结果：

　　(1) 水射流的流动特性复杂，对喷嘴的结构要求很高。水射流在变直径的喷嘴中流动，射流速度有不同程度地增大，由于水束流通通道急剧变小，射流水速和动能都会变大。

　　(2) 对于不同收缩角度的喷嘴结构，水射流速度增大程度不一样。平直形喷嘴无收缩角度，沿着喷嘴轴向的速度在不断地衰减。即喷嘴的能量严重衰减是不利于后续材料加工的。锥形喷嘴有明显的收缩角度，收缩角度为 16.5°，这样一段距离的收缩让射流的能量较好地集中于喷嘴的出口，有利于后续材料的加工。锥/圆柱形喷嘴和圆锥形喷嘴也具有同样的功能，只是效果有所不同而已，锥/圆柱形喷嘴在圆柱段过渡时保持的最大速度值为

62.2 m/s，而圆锥形喷嘴的最大速度只集中于喷嘴出口直径方向，它的最大速度值为 61.2 m/s，几乎与锥/圆柱形喷嘴的最大值相当。

（3）本节有针对性地对喷嘴内部流场进行了仿真研究，为后续多相流的研究提供数值参考。因为当水射流从喷嘴的出口处喷射进入空气中时，就成为气-液两相流，由于空气对水射流的卷吸作用，射流的特性需要进行进一步的研究。

3.2　喷嘴外流场的数值模拟[87]

3.2.1　数值分析过程

1. 创建物理模型

在 GAMBIT 软件中用自底而上的方式构建物理的几何模型，再创建模拟的外流场区域。图 3-8 所示为四种喷嘴的计算模型，由喷嘴的尺寸参数和外形结构可知喷嘴为轴对称图形。本节利用结构的轴对称特点，建立了喷嘴的结构和外流场区域的轴对称模型。

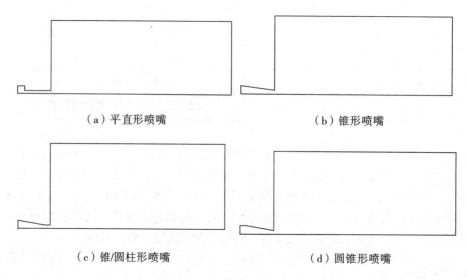

（a）平直形喷嘴　　　　　　　　　　　　　（b）锥形喷嘴

（c）锥/圆柱形喷嘴　　　　　　　　　　　（d）圆锥形喷嘴

图 3-8　各种喷嘴的计算模型

2. 网格划分

网格划分的控制一般是从底层的边开始划分的，当然也可以直接从面入手划分面网格。边网格划分是通过间距及分段来控制边网格的疏密程度。控制边网格分布密度分段有单边和双边两种方法，本节采用的是单边控制方法。基于前面所述的结构化网格的优势和几何模型简单的实际情况，内流场仿真的几何模型网格类型采用结构化网格四边形单元，单边控制间距 0.1 mm。以圆锥形喷嘴的网格划分为例，网格划分的情况如图 3-9 所示。网格划分完之后应检查其质量情况，当网格质量到达 0.8 以上说明网格质量良好，在其内部单元并未扭曲。

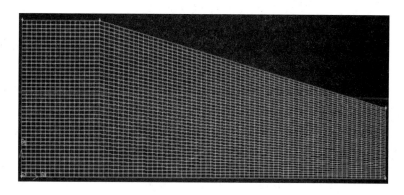

图 3 - 9　　圆锥形喷嘴网格示意图

3. 边界条件的设置

在 GAMBIT 中的边界条件有很多种，需要根据具体的情况而确定模型的边界条件。具体的边界条件设置如图 3 - 10 所示。本节仿真中采用的边界条件是入口速度和出口压力，壁面为无滑移壁面。其中入口速度 $v = 12 \text{ m/s}$，出口压力为 0.1 MPa，即标准状况下的一个大气压。

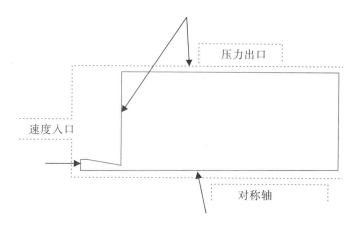

图 3 - 10　　边界条件设置

4. FLUENT 求解设置

1）层流与湍流模型的选择

雷诺数可作为参数用于判定液体的流动形态是层流还是湍流。然而在水射流模拟中，用一个确切的雷诺数值来判定是层流还是湍流至今还未有学者给出答案[88]。2000 年，Chen M. Y[89] 在微细水射流开槽的实验中对层流现象进行了实验和数值模拟的研究，他提出当雷诺数（无量纲量）处于 690 以下，液体的流动就属于层流。2002 年，Chiriac V. A[90] 完成了对雷诺数稳态和非稳态的流动实验研究，他指出雷诺数小于 750 时水流处于稳定流动状态，即雷诺数等于 750 是层流和湍流的分界点。2012 年，Gohil T. B[91] 指出可将雷诺数值 900 或者 925 作为层流与湍流的临界雷诺数来区分。雷诺数的定义表达式如下：

$$Re = V \times \frac{D}{\nu} \qquad\qquad (3 - 2)$$

$$\nu = \frac{\mu}{\rho} \qquad\qquad (3-3)$$

其中：V 为水射流出口的流速；D 为水射流喷嘴出口的直径；运动黏度 ν 为动力黏度 μ 与水射流密度 ρ 的比值。

水射流出口流速可由前一节锥形喷嘴、锥/圆柱形喷嘴或者圆锥形喷嘴出口处点线坐标图可知，出口水射流流速 V 的取值范围为 $60 \sim 62$ m/s。喷嘴的出口直径为 0.36 mm，在常温下水的运动黏度为 10^{-6} m/s。按照式(3-2)和式(3-3)计算可得：Re 在 $19.6 \times 10^3 \sim 22.3 \times 10^3$ 之间，该数值远远大于 900 或者 925 这个临界雷诺数。所以本文的数值计算模型方法采用的是标准的壁面函数 κ-ε 模型。

2）多相流模型的选择

Fluent 软件中提供了多种多相流模型，包括 Volume of Fluid（VOF）、Mixture（混合模型）、Eulerial（欧拉模型）。这三种模型运用的是多相流的欧拉-欧拉法的研究方式。多相流是指在流体中流动的不是单相物质，而是有两种或两种以上不同相的物质同时存在的一种流体运动。多相流分为三种情况：① 气、液或液、液流动；② 气、固两相流动或液、固两相流动；③ 三相流(气、液、固)。

多相流的研究方法又分为欧拉-拉格朗日法和欧拉-欧拉法。在欧拉-拉格朗日法中，把流体当作连续介质，在欧拉坐标系内加以描述，把分散相当作离散体系，也称为颗粒（液滴或气泡）轨道法。离散相与流体相之间存在动量、质量和能量的交换。该方法适用的前提是：作为离散相的第二相的体积分数应很低（一般小于10%～12%）。即便当 $m_{\text{species}} \geqslant m_{\text{fluid}}$，粒子运动轨迹的计算也是独立的，它们被安排在液体相计算的指定间隙内完成。在欧拉-拉格朗日法中，对应的 Fluent 模型是离散相(DPM，Discrete Volume Fraction)模型。在欧拉-欧拉法中，不同的相被处理成相互贯穿的连续介质。由于一种相所占的体积无法再被其他相占有，故此引入相体积率(Phase Volume Fraction)的概念。体积率是时间和空间的连续函数，各相的体积率之和等于1。从各相的守恒方程可以推导出一组方程，其对于所有的相都具有类似的形式。从实验得到的数据可以建立一些特定的关系，从而使建立的方程封闭。在欧拉-欧拉法中，对应的 Fluent 模型为 VOF、Mixture（混合模型）、Euler（欧拉模型）。它们的选择标准遵循以下原则：

（1）对于体积分数小于 10% 的气泡、液滴和粒子负载流动，采用离散相模型。

（2）对于离散相混合物或者单独的离散相体积率超出 10% 的气泡、液滴和粒子负载流动，采用混合模型或欧拉模型。

（3）对于栓塞流、泡状流，采用 VOF 模型。

（4）对于分层/自由面流动，采用 VOF 模型。

（5）对于气动输运，均匀流动采用混合模型，粒子流动采用欧拉模型。

（6）对于流化床，采用欧拉模型。

（7）对于泥浆和水力输运，采用混合模型或欧拉模型。

（8）沉降采用欧拉模型。

综合以上理论知识和选择标准，本节选用的是 VOF 两相流模型，这样有利于迭代时的收敛。

3）求解算法的选择

基于压力的求解算法分为耦合式和分离式。本节采用的是分离式求解器中的 PISO 算法。一般情况下默认的是 SIMPLE 算法。SIMPLE 算法是一个反复猜测和修正数据的过程，并且最终求出近似的速度场和压力场。PISO 算法相比 SIMPLE 算法有它的优势所在，它允许使用较大的时间步，而且对于动量和压力都可以使用亚松弛因子1.0。对于定常状态问题，具有邻近校正的 PISO 算法并不会比具有较好的亚松弛因子的 SIMPLE 或 SIMPLEC 算法好。对于具有较大扭曲网格的定常状态和过渡计算推荐使用 PISO 倾斜校正。

3.2.2　仿真结果分析

1. 相图对比分析

图 3-11 所示为四种喷嘴水的体积分数云图，从图中可以得出以下结论：

（1）当水射流喷射到加工材料平面上时，水层厚度沿着射流聚焦点的圆平面往外慢慢地变薄，水层以射入点为圆心展到一定直径范围内后不再流动。

（2）沿喷嘴出口轴向方向的水的体积分数最大，沿射流横向分布减少。

（3）从图中可以发现这四种喷嘴在出口处都存在不同程度的缩流现象。

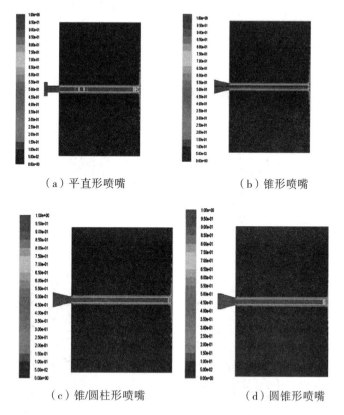

（a）平直形喷嘴　　　　　　　　　　　（b）锥形喷嘴

（c）锥/圆柱形喷嘴　　　　　　　　　　（d）圆锥形喷嘴

图 3-11　四种喷嘴水的体积分数云图

2. 压力对比分析

　　四种不同结构的喷嘴外流场仿真压力云图如图 3-12 所示，从图中可知：在四种喷嘴出口的水射流经过一段距离到达加工材料表面的过程中，压力沿喷嘴轴向的衰减程度分别是：平直形喷嘴最强，其次是锥/圆柱形喷嘴，最后才是锥形和圆锥形喷嘴。水射流从喷嘴入口流入直至打击到材料壁面的整个过程中，平直形喷嘴、锥形喷嘴、锥/圆柱形喷嘴所能达到的最大压力值分别为 2.95 MPa、2.09 MPa、1.86 MPa；圆锥形喷嘴所能达到的最大压力值为 2.17 MPa。虽然四种喷嘴所能达到的最大值压力值相差的最大倍数接近 1.5，但是所达到的最大值位置并不相同。平直形喷嘴所达到的最大压力值的位置为喷嘴内部结构实体，在喷射到外流场的过程中，平直形喷嘴压力沿轴向衰减最快，最后到达加工的材料表面时，压力已经很小了，不足以满足加工所需要的压力值。锥形喷嘴压力最大值的位置沿喷嘴出口轴向位置分布，在射入空气中有微弱的衰减，在某一固定的范围内其压力值能够保持足够稳定，是后续研究需要重点关注的喷嘴结构类型。锥/圆柱形喷嘴因其结构特征是前端为圆锥段，后端为圆柱段，压力集中于喷嘴结构圆锥段末端到圆柱段出口，此处为最大的压力值。在进入空气后由于进入的气液两相流空间中空气的卷吸作用，水射流的压力在逐渐衰减，到达材料加工表面时压力会变得很小。圆锥形喷嘴在其轴向方向很长的一段距离范围内持续保持着最大的压力值。到达材料表面的压力值同样也会变得很小，压力在材料表面的分布范围呈现逐渐减弱的过程，这也符合材料的加工要求，在加工定位点上压力大，临近的位置压力减小，随着距离越远，压力值越小。

　　通过对压力云图的分析可得出以下结论：

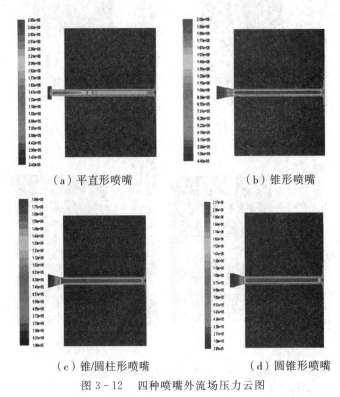

（a）平直形喷嘴　　　　　　　　　　（b）锥形喷嘴

（c）锥/圆柱形喷嘴　　　　　　　　（d）圆锥形喷嘴

图 3-12　四种喷嘴外流场压力云图

（1）圆锥形喷嘴打击到材料上的压力是最大的，其次是锥形喷嘴，最后才是锥/圆柱形喷嘴。

（2）水射流从喷嘴出口喷射到空气中，由于空气对水射流有卷吸作用，喷嘴在出口处水射流流场直径方向有骤减现象，不同形状结构的喷嘴，骤减程度也不一样。

3. 速度对比分析

从图 3-13 所示的速度云图上可以看出四种结构不同的喷嘴在整个模拟区域中各自所能达到的最大速度也不尽相同，到达加工材料（硅片）表面的速度场分布也是不一样的。从速度云图上可以得出圆锥形喷嘴打击到材料表面上的速度云图分布比较均匀，所能达到的速度仅次于平直形喷嘴。但是平直形喷嘴的速度沿轴向衰减得很快，并不适合应用到水射流激光划片技术当中。水射流激光划片工艺中对于水射流到达材料加工表面时的水速不但要求均匀，还要达到一个合适的速度值。在水射流激光划片工艺当中，匀速的水射流有利于材料表面熔渣的清洗和去除，一个合适的水速可为激光加工材料时去除熔融材料提供足够的冲击力。

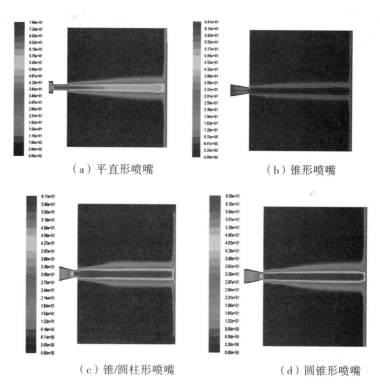

（a）平直形喷嘴　　　　　　　　　（b）锥形喷嘴

（c）锥/圆柱形喷嘴　　　　　　　　（d）圆锥形喷嘴

图 3-13　四种喷嘴的速度云图

根据以上分析可知：平直形喷嘴无法满足水射流激光划片工艺的要求，然而锥/圆柱形喷嘴、圆锥形喷嘴相对比较符合水射流激光划片工艺的要求。下一步研究方向可以从锥/圆柱形喷嘴、圆锥形喷嘴两种喷嘴结构中进行挑选。喷嘴射流打击到加工材料表面的速度值如图 3-14 所示。

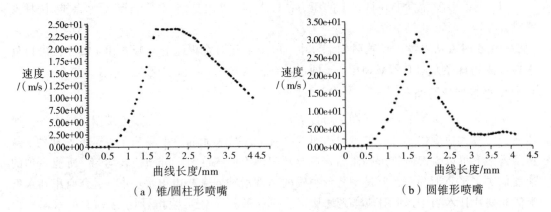

（a）锥/圆柱形喷嘴　　　　　　　　　（b）圆锥形喷嘴

图 3-14　喷嘴射流打击到材料表面的速度

3.2.3　理论验证

国外学者 Gardon 和 Akfirat[92] 的研究
指出水射流从喷嘴出口到达被加工材料表
面的过程中，射流区域可分为三部分：自
由射流区域、近壁面区域、停滞区（见图
3-15）。停滞区是指速度为零的区域。当
水射流喷射到材料表面时，水分子与壁面
碰撞后发生能量交换就会产生这种现象，
但是这个区域的范围是多大呢？他们的研
究表明：停滞区的范围大概是喷嘴出口直
径的 1.2 倍左右。从图 3-14 中可以得出锥
/圆柱形喷嘴和圆锥形喷嘴在材料表面
0～0.5 mm 的范围内其速度值的确为 0，
这即是学者 Gardon 和 Akfirat 所提到的停

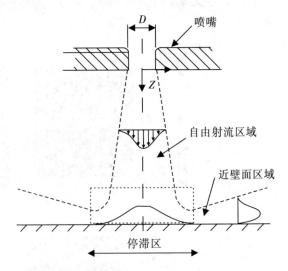

图 3-15　自由射流喷射冲击材料的原理图

滞区。所以通过数值模拟和理论验证证明这种现象确实是存在的。为了进一步验证仿真结
果的正确性和可行性，从图 3-13 中可以知道范围宽度为 0.5 mm，而本节所设计的喷嘴出
口直径为 0.36 mm。它们俩的比值为 1.3，即倍数关系和理论上的 1.2 倍相近，这两者的误
差在可以接受的范围内。因此可验证其结果的正确性。

3.2.4　小结

本节主要分析了四种喷嘴的外流场特性，从上节分析的内流场特性可知，平直形喷嘴
结构的速度值和压力值相比其他三种喷嘴结构所能获得的速度和压力大，同时发现它在喷
嘴内壁的能量损耗也比其他喷嘴结构的严重。基于这样的的流场特性，为了进一步了解流场
情况对材料加工的影响，本文对所关注的问题进行了研究。通过对四种喷嘴射流的各种参
数的分析结果可以得出以下基本结论：

（1）有收缩角度的喷嘴结构要比没有收缩角度的喷嘴结构的聚束性能好，在数值模拟
的云图上和点线图上都不难发现，速度和压力沿轴向分布的数值较大。

（2）从四种喷嘴的相图上可以观察到许多学者在其研究中所提到的缩流现象，即喷嘴出口处射流直径在一段距离内明显变小。这种现象可以解释为喷嘴从单项的水介质中突然进入到空气/水的两相介质中，水分子受到外界空气的卷吸作用而形成的一种现象。

（3）在给定的外流场范围内，通过观察速度和压力云图可以知道喷嘴在垂直喷射到材料表面的时候，沿轴向最大的速度值和压力值并非出现在和材料表面接触的那一小块面积范围内，这是因为水射流到达材料表面的过程中发生能量损耗，所以要控制水射流喷嘴与被加工件间的距离，若该距离控制得合理，则可以保证喷嘴射流能以最大的速度和压力对材料进行加工，从而使加工件获得较好的表面光整性。

（4）通过各种流场特性参数的比较可得出最优的喷嘴是圆锥形喷嘴。

3.3　喷嘴布局对流场特性的影响分析

3.3.1　流场特性分析过程

在水射流激光加工工艺中，激光束与水射流喷嘴安装在同一轴上，对加工要求和安装精度都有很高的要求，进而提高了生产制造成本；同时，激光通过很厚的溶液层，造成能量的损失。因此本节主要介绍水射流喷嘴和激光器系统的安装与定位。其布局原理图如图3-16所示，目前，对于这种布置的流场特性的研究较少。因此，本节将在该布局安装条件下对喷嘴喷射出的水射流流场进行进一步研究分析。

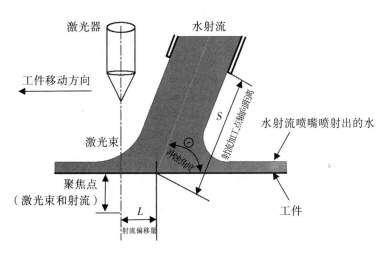

图 3-16　喷嘴布局原理图

采用与 3.2 节相同的计算模型、网格划分方法和疏密控制，模型的边界条件也相同。唯一改变的条件就是冲蚀的角度不同。前面章节讨论的条件为水射流垂直于加工材料的表面，本节主要研究在冲蚀角度的三种布局下其速度场和压力场的分布情况。通过 3.2 节可以知道在垂直入射的情况下，最优的喷嘴结构形状是圆锥形喷嘴，所以本节就以圆锥形喷嘴模型为例，研究喷嘴位置的布局改变后其流场特性的变化情况。

1. 物理模型的建立

　　喷嘴布局的变换使得实体的喷嘴及其计算域关于三维空间非轴对称，所以在这种条件下不能简化为二维模型。首先在 SolidWorks 软件中进行三维物理模型的建立，如图 3 - 17 所示。

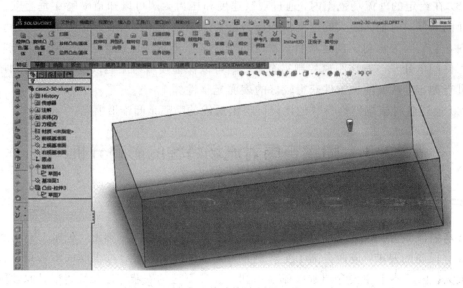

图 3 - 17　喷嘴及其计算域的物理模型的建立

　　喷嘴与水平面的夹角（即冲蚀角度）分别为 30°、45°、60°。把该模型导入到 ANSYS 中的 Mesh-Design Modeler 进行一些面和角度的处理，为后续的网格划分作准备，其物理模型如图 3 - 18 所示（冲蚀角度为 30°，其他冲蚀角度的处理方式相同）。ANSYS 中的 Mesh-Design Modeler 具有很强的几何处理和修复功能，本文对喷嘴和计算域重合的面进行了处理，使得计算域完整、全面、合理。

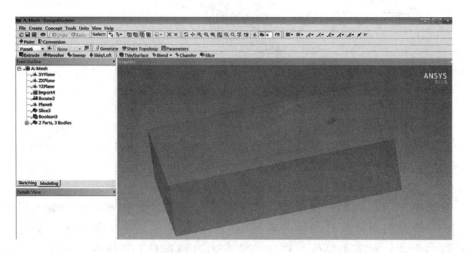

图 3-18　冲蚀角度为 30° 的 Mesh - Design Modeler 模型

2. 网格划分

　　在 ANSYS 中对 Mesh-Design Modeler 进行网格的划分和生成，首先对整体网格进行控制网格划分，采用 Relevance 配合 Relevance Center 来控制模型的整体网格的粗糙度（即疏密程度）。由于喷嘴出口的水射流流入空气时射流特性会产生很大的波动，所以应对此处的网格进行加密处理。局部网格喷嘴附近的网格模型如图 3 - 19 所示。整体网格模型如图 3 - 20 所示。

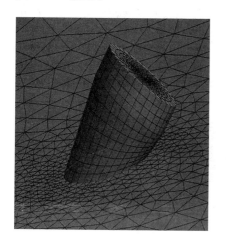

图 3 - 19　局部网格模型

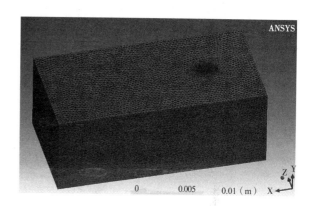

图 3 - 20　整体网格模型

3. 边界条件的设置

在这种水射流系统中喷嘴结构和光学系统分开布置的情况下，喷嘴喷射出来的流场域并非轴对称的计算域，需要建立三维的计算域来进行流场特性的研究分析，其模型的边界条件的设置如图 3 - 21 所示。计算域内的边界条件设置为：喷嘴 7 为入口直径 0.8 mm 的圆形端面，为水射流的速度入口（Velocity-inlet），$v = 12$ m/s。上顶面 1 和右面 4 为压力空气入口（Pressure-inlet），数值等于标准的大气压力。前面 5、后面 6 和左面 3 为水射流空气压力出口（Pressure-outlet），数值也为一个标准的大气压力。其他喷嘴的圆锥面和下顶面 2 为壁面（wall）的边界条件。

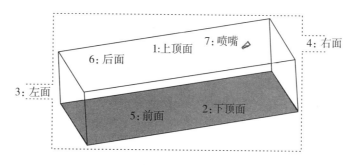

图 3 - 21　模型的边界条件设置示意图

3.3.2　仿真结果分析

把在 ANSYS 的 Mesh-Design Modeler 中进行网格划分和设置边界条件后的模型导入到求解器 FLUENT 软件中进行求解计算，导入的模型如图 3 - 22 所示。在 FLUENT 软件中对求解参数进行设置。首先对模型的网格面进行检查，体网格数不能是负数，若为负数则说明网格产生了严重的变形和扭曲（在导入求解器进行求解之前也可以在 Design Modele 中进行网格质量的检查），在通用（General）设置里面采用基于压力的绝对稳定求解器。计算模型采用多相流中的 VOF（Volume of Fluid）模型，再配合湍流 κ-ε［κ-epsilon(2eqn)］标准的壁面函数。求解（solution）设置中采用 SIMPLE 算法。当这些设置都完成之后，就可以进行迭代计算。当计算机中显示计算收敛后就表明计算完成。再对计算结果进行后处理。由于 FLUENT 软件自带的后处理功能较弱，有些图形的可视化效果不是很好，因此对于一些较难的参数结果图像可导入到专用的后处理软件 tecplot 中进行处理。

图 3-22　FLUENT 软件中网格的显示效果图

　　为了更加明确地展示喷嘴从喷射出来到材料表面的流场情况，本处截取 Z＝0 处的中心面进行研究分析，截取的中心面如图 3-23 所示。

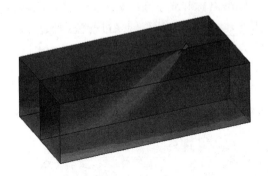

图 3-23　Z＝0 处的中心截面图

1. 相图分析比较

　　针对喷嘴布局的变换条件，在保证射流长度参数不变的情况下，利用软件仿真模拟了不同冲蚀角度下的射流在整个计算域内的流场情况。为了能够直观明了地比较水射流的相图，在 tecplot 软件中提取到中心面处的射流相图来观察流场的流动特性。坐标系 XY 平面的二维水射流流场相图如图 3-24 所示，图(a)、(b)、(c)分别表示冲蚀角度为 30°、45°、60° 时不同的水的体积分数。X 轴和 Y 轴的单位均为米(m)，提取的是整个长度方向 X 和高度方向 Y 的观察区域。从图(a)中可以分析出：在 30° 冲蚀角度与 XOZ 水平面的倾斜程度比较大的情况下，在一个瞬间的状态下，水射流喷射到加工表面的水的总分数是 1，在该瞬间大部分水停在喷嘴出口处，喷射到加工表面的水分有所不同，在图(a)中沿 X 轴坐标范围在 0.012～0.03 m 处分布的水射流体积分数约等于 0.02。

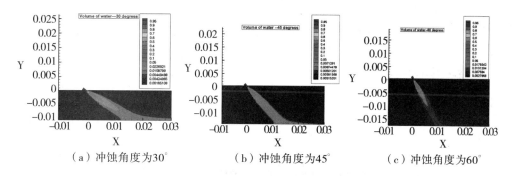

（a）冲蚀角度为30°　　　　　（b）冲蚀角度为45°　　　　　（c）冲蚀角度为60°

图 3 - 24　不同冲蚀角度下中心截面的相图分析

同理，由图 3 - 24 中的图(b)和图(c)中可知：当冲蚀角度 $\theta = 45°$ 时，水射流喷射到材料表面坐标点在 $0 \sim 0.03$ m 的范围内水的体积分数大约为 0.007。然而图(c)中相同范围内水射流体积分数在 $0.01 \sim 0.05$ 的范围内分布。

综上所述，通过截图中心观察水射流的分布情况，基于该处相图对水射流体积分数的研究，可以得出材料表面沿 X 方向水的体积分数的分布趋势。

2. 压力云图分析

基于水射流激光加工硬脆性材料的工艺背景，合适功率的激光对材料的去除机理为高能的激光对材料进行瞬间的软化，然后高速水射流的冲击力对材料进行去除并对表面残渣进行清洗。然而，材料软化后在去除时对水射流冲击到材料表面的压力有一定的要求，冲击力过小，软化材料不能实现及时的除去。因此，本文将水射流激光加工表面的压力作为评判水射流对材料去除效果的考量标准。

由于水射流的入口速度在这三种不同冲蚀角度的情况都是 12 m/s，所以在任意瞬间冲蚀到材料表面的水射流的质量、流量都是相等的。压力范围在 $0 \sim 10\,000$ Pa 区间的压力分布情况如图 3 - 25 所示。

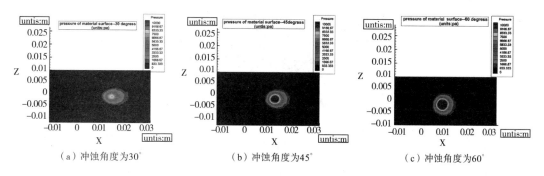

（a）冲蚀角度为30°　　　　　（b）冲蚀角度为45°　　　　　（c）冲蚀角度为60°

图 3 - 25　不同冲蚀角度材料表面的压力云图

在其他基本条件相同的条件下，喷嘴的不同冲蚀角度是其中唯一的变量。在图 3 - 25(a)（冲蚀角度 $\theta = 30°$）中可分析出 $0 \sim 10\,000$ Pa 区间的压力分布沿 X 方向的坐标值为 $0.01 \sim 0.022$ m，并且从云图右边表征压力值大小的色块颜色可以发现最大压力为 10 000 Pa 的区域范围极小，几乎聚集成一个点。同样从图 3 - 25(b)（冲蚀角度 $\theta = 45°$）中可以得出 $0 \sim 10\,000$ Pa 区间内的压力分布沿 X 方向的坐标范围为 $0.01 \sim 0.02$ m，最大压力值 10 000 Pa

分布的范围面积相比图(a)大出很多。从图示的红色表征区间可以看到大约位于沿 X 方向坐标值 0.012～0.016 m。进一步分析图(c)可知,在 0～10 000 Pa 范围内沿 X 方向的坐标范围为 0.006～0.015m,最大压力值 10 000 Pa 沿 X 方向的坐标范围为 0.008～0.013 m,与图(b)相同,其最大压力值分布于一个很大的面积区间内。

3. 不同冲蚀角度下的速度云图

图 3-26 所示为冲蚀角度分别为 30°、45°、60° 时,水射流从喷嘴入口到冲击壁面整个场域内的速度云图。

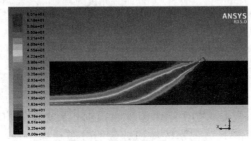

（a）冲蚀角度为30°

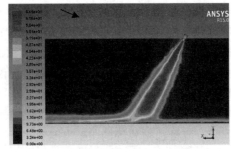

（b）冲蚀角度为45°

（c）冲蚀角度为60°

图 3-26　不同冲蚀角度下的中心截面速度云图

在变换喷嘴布局的情况下,由图 3-27 分析可知:当冲蚀角度 $\theta = 30°$ 时,喷嘴喷射出来的水射流所能达到的最大速度 $v = 65.1$ m/s。从速度云图可发现水射流在喷射到材料表面时,较大的速度分布区间都集中于材料表面以左的部分,这是由于喷嘴的冲蚀角度 θ 值较小的缘故,从喷嘴喷射出来的水射流集中于材料以左的部分。当冲蚀角度 $\theta = 45°$ 时,水射流喷嘴射流所能达到的最大速度 $v = 64.8$ m/s。当冲蚀角度 $\theta = 60°$ 时,水射流喷嘴射流所能达到的最大速度 $v = 64.9$ m/s。从对喷嘴速度云图数值的分析可知,在该布局条件下,随着冲蚀角度的增加，速度值有所下降。这对于水射流激光划片工艺当中水射流作为冷却加工表面和冲洗被加工材料表面的熔渣是不利的。

　　为了比较这种布局条件下喷嘴水射流特性与同轴喷嘴布局下的差异，可从图 3-13(d) 得到，喷嘴所能够获得的最大速度 $v = 65.9$ m/s。然而从本节的分析结果可知，冲蚀角度 θ 为 30°、45°、60° 时对应的最大速度为 65.1 m/s、64.8 m/s、64.9 m/s。通过对比发现同轴布局下喷嘴的流场特性参考量的速度改变并不明显。因此，在水射流激光划片装置中可以优先选取非同轴布局，因为在相同条件下非同轴布局的水射流激光划片设备对喷嘴的加工要求比同轴布局的设备要求低。从安装定位和拆卸换装的条件考虑，非同轴布局的设备更有利。

3.3.3　小结

　　本节在最优喷嘴结构(圆锥形喷嘴)的基础上，考虑了同轴布局下激光和水射流系统的安装调试的困难和激光束在经过水层时能量部分被水吸收掉损失，这类情况对水射流激光划片的质量会产生影响。本节通过变换喷嘴与激光的布局，设计了三种冲蚀角度 30°、45°、60° 的布局来分别研究各自的流场特性。结果与同轴垂直入射的情况作比较，可得出以下几点结论：

　　(1) 由三种不同冲蚀角度条件下压力分布及其压力值对比可知，30° 的冲蚀角度射流的最大压力值分布范围较小，对于材料的加工去除效果最明显。其次是 45° 冲蚀角度，较大的压力值在材料表面的分布范围较广。但最大的压力值 10 000 Pa 在被加工材料表面分布的面积相比 30° 的布局较大而相比 60° 的布局较小。所以从材料去除的冲击力考虑可得出冲蚀角度为 60° 的布局较优越于其他两种布局。

　　(2) 从三种不同冲蚀角度的速度云图上对比分析可得出：首先，随着冲蚀角度的增大，最大速度值有所减小，但速度值的改变并不是很大，其数值变化为 65.1 m/s、64.1 m/s、64.9 m/s。其次，冲蚀角度的增大，速度分布在被加工材料表面左右两侧趋于均匀，但其值大小有差别。

　　(3) 同轴垂直入射喷嘴流场特性比非同轴布局的喷嘴流场特性要优越，因为它的速度场和压力场分布都比变换布局后的更加均匀，速度值和压力值也更加稳定。虽然前者同轴条件下流场特性好，但其安装要求比后者高，并且前者激光能量的损失对激光划片工艺是不利的。

3.4　不同装置的流场特性分析[93]

　　20 世纪中后期以来，随着激光加工技术的不断发展与改进，众多激光复合加工的方式陆续呈现在大众的视线之中，常见的激光复合加工技术有水导激光加工、水射流激光加工技术、超声辅助激光加工、激光诱导化学加工等[94]。同样的，随着计算机和流体数值分析技术的改进与发展，越来越多的科研人员利用计算机和流体分析软件准确、可靠、快速地分析出所需要的数据与结果。在激光复合加工的技术方面已有多位学者利用流体分析软件进行了研究。詹才娟对水射流导引激光精密打孔的过程进行了分析，采用有限体积法建立了描述物理过程的数值模型，对打孔过程中熔池内部的流动和传热进行了模拟[95]；符永宏等利用计算流体力学(CFD)的方法对水射流进行了气液两相流数值模拟分析,研究了在不同速度下射流的破碎长度和射流破碎形式,同时还验证了缩流现象[96]。

考虑到传统激光加工产生的一些弊端,如切缝表面粘黏的熔渣、表面质量差、局部的热影响区和热应力等,同时也考虑了加工优异的水导激光设备,但由于该设备造价昂贵,致使多数人另辟蹊径,如采用溶液辅助激光加工。然而在水辅助激光加工中,水层流动特性是影响加工的一个重要因素,目前关于这方面的研究还很少。本书通过对溶液辅助激光加工中的三种不同的水辅助激光流体装置,借助 Fluent 流体分析软件,得到不同入口速度下,三种流体装置中流体的流动特性,这对于水辅助激光加工中选取放置工件的位置、选取流体入口速度的研究提供了理论依据[97]。

3.4.1 水流装置的模型

1. 水流装置的几何模型及网格划分

根据三种不同的水流装置来建造几何模型,每一种模型的建立都是根据实体结构的样式来确定的,运用 Gambit 进行网格的划分,较好的网格划分质量是保证仿真计算准确性的一个前提。

根据图 3-27(a)的结构,采用二维的结构图就可以展现出其中的流体特点,再建立如图 3-27(b)所示的几何模型,根据整体结构的形状,采用四边形网格更具有配合性,故而采用结构化四边形网格进行划分。

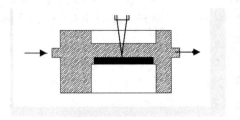 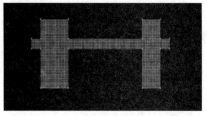

(a)几何模型　　　　　　　　　　(b)网格划分

图 3-27　装置 1 几何模型和网格划分

根据图 3-28(a)的结构,采用二维的结构图难以展现其中的流体特点,故建造三维结构的几何模型,如图 3-28(b)所示,根据模型的结构形状,采用四面体/混合网格类型进行网格划分。

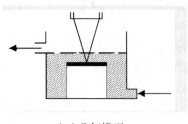 

(a)几何模型　　　　　　　　　　(b)网格划分

图 3-28　装置 2 几何模型和网格划分

图 3-29(a) 的结构和图 3-28(a) 的结构形状很相似，故采用相似的几何结构模型，如图 3-29(b) 所示，同样的，也采用四面体/混合网格类型进行网格划分。在设计图 3-28 和图 3-29 的几何模型时，为了能有很好的对比性，设计靶材上方的水层厚度为 10 cm。

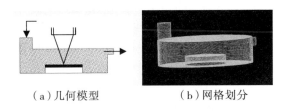

（a）几何模型   （b）网格划分

图 3-29   装置 3 几何模型和网格划分

2. 边界条件的确定

本节重点关注的是，对激光加工效果影响显著的靶材上方的流体流动特性，根据流体不同的结构装置形状，要选择合适的求解模型，由于图 3-27 和图 3-29 的装置都是个封闭的腔体，故选择单相流模型，而图 3-28 的装置采用多相流混合模型。边界条件为速度入口（velocity-inlet）、压力出口（pressure-inlet），操作压力为一个标准大气压，其余边界为无滑移边界壁面（wall）。将每个装置入口处的初始速度设置为 20 m/s，为了说明层流紊流状态下的流动情况，单独对图 3-28 所示的装置增加一个入口速度 25 m/s。

3.4.2   仿真结果分析

三种装置都是基于 Fluent 仿真软件中的压力基求解器来模拟仿真流场，以 20 m/s 的入口速度流入图 3-28 和图 3-29 的装置中，由于三维的速度云图不能显示出速度场，所以借助二维的截面速度云图来进行说明，如图 3-30 所示。

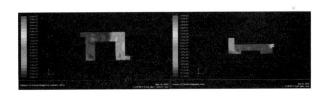

图 3-30   截面速度云图（入口速度 20 m/s）

为了更好地说明靶材上方流场的速度情况，选取垂直于靶材方向，即 Z 轴正方向的水层，在靶材中心处取得不同水层高度与水流速度的位置关系图，如图 3-31 所示，其中图 (a) 和 (b) 分别对应图 3-28 和图 3-29 所示的装置。

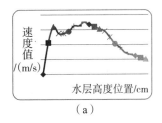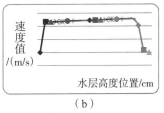

（a）   （b）

图 3-31   水流速度与水层高度的关系图（Z 轴方向）

从图 3-31 中可以清晰地看出，流体的速度先是快速地升高，然后维持在一定的范围内，而在距离上端不同约束界面的时候，图 3-31(a) 的曲线慢慢趋于平缓，图 3-31 (b) 的曲线则是快速地减小为零，而且还能看出图(b)的流速高度位置曲线中间区域的平滑性比图(a)的线性要好。根据二者结构的差异性，图 3-28 装置水层上表面是空气，为柔性约束，流体上表面受到的流体阻力相对较小，使得上层流体速度减弱比较缓慢；而图 3-29 装置水层上表面是无滑移壁面，为固体约束，流体上表面受到的流体阻力比较大，使得上层流体速度减低很快，紧挨着壁面的速度为零。

同为无滑移壁面的装置 1，同样以 20 m/s 的水流入口速度进行模型仿真，选取垂直于靶材方向，得到不同水层高度水流速度的位置关系图，速度云图和位置关系图如图 3-32所示。

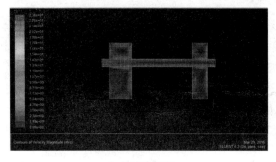
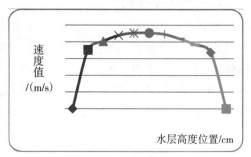

（a）速度云图   （b）水流速度与水层高度位置关系

图 3-32 速度云图和水流速度与水层高度位置关系图

从图中可以看出，装置 1 靶材上方的速度流场值要比装置 3 的速度流场值大很多，从流速与高度关系位置图中可以看出线性近似为抛物线形状，在中心处有最大速度值。通过对比装置 1 和装置 3 的结构差异，关键点在于水流入口的位置与方向，装置 1 入口位置与靶材在同一平面上，而且水流直接从靶材上方流过，能量损失较小；而装置 3 由于结构的原因，水流进入装置后先对底部进行一次冲击，而后经过靶材上方从出口流出，流体的能量损失很大。

装置 1 和装置 3 的水流速度和水层高度位置关系图分别近似为抛物线形和折线形，考虑到水为黏性流体的性质，根据科安达效应（Coanda Effect），流体受到壁面摩擦阻力的作用，其次，由于水流的入口位置和方向，以及装置结构的特定作用，使得靠近壁面的水流速度越来越小。

水辅助激光加工过程中，要想获得良好的加工表面质量，熔渣的排除和切缝表面的冷却效果是非常重要的因素。熔渣依附于水流而排除，切缝的温度通过水流来降温。通过对装置 2 的水流场传递动量进行研究，探究在靶材上方流场层流、紊流状态下水流速度的状况。水的流动层流、紊流雷诺数临界值为 $Re = 2000$，特征长度 d 为 13.3 cm，通过雷诺数公式，计算出层流、紊流状态分界时靶材上方的水流速度为 15 m/s，现分别以水流入口速度 20 m/s、25 m/s 进行模拟仿真，得到垂直于靶材方向的水流速度位置关系，如图 3-33所示。

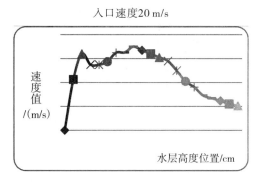

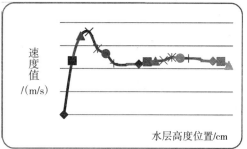

（a）速度最大值为7 m/s　　　　　　　　　（b）速度最大值为18 m/s

图 3-33　垂直于靶材水流速度与位置关系图

从图 3-33 得出，速度的最大值分别为 7 m/s 和 18 m/s，小于 15 m/s 的为层流，大于 15 m/s 的为紊流。分析层流和紊流状态下靶材上方 1 cm 高度的水流速度状况，两种不同入口速度下的流速情况如图 3-34 所示。

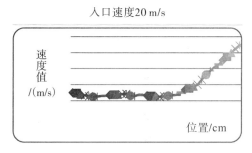
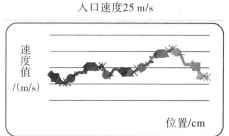

图 3-34　靶材上方 1 cm 位置水流速度与位置关系图

图 3-34(a) 的线形先平缓而后升高，图(b) 则速度波动比较。由于层流只存在黏滞切应力，流体的质点近似作平滑的直线流动；紊流中除了黏滞切应力外，还存在紊流附加切应力，这是由纳维-斯托克斯方程导出紊流时运动的雷诺方程，就会增添紊流附加应力，使得流体的运动呈随机性，速度随空间作不规则的脉动。靶材上方的水流具有一定的流速和平稳性，能够很好地达到去除熔渣和降低热影响区的效果。相比于紊流状态，在层流状态下，有很大区域的速度场是比较平稳的，适于放置靶材。

3.4.3　小结

本节采用 Fluent 仿真软件对三种不同装置的靶材上方的流场进行了模拟与分析，通过对比分析了不同装置下、同一入口速度，柔性约束和固体约束对靶材上方流场的影响，分析得出固体约束使得流场更具有稳定性；然后在不同结构装置下，对比分析了水流入口方向与位置对流场的影响，得出装置的结构特性会对能量造成一定损失，而且壁面内摩擦力使得流体的能量也具有损失；最后通过分析层流、紊流不同流动状态下靶材上方 1 cm 流速状况，得出在层流状态下，靶材上方速度的稳定性较好，同时说明在层流状态下，适当的提高流水速度有利于熔渣排除和降低加工靶材的热效应，这对选择水辅助激光加工构建控制水层流动的装置提供了理论基础。

3.5　SPH 流场动态仿真分析[98]

水射流激光划片时,硅片熔层内的沸腾相当剧烈,在瞬间内急剧升温,导致熔层内部压力剧烈升高,为了释放这部分压力,就形成了相似于爆炸的熔融物质喷溅。传统的基于网格的有限元模拟方法,当模拟变形较大较剧烈的问题时,常常会出现网格畸变等一系列问题导致计算无法进行,不适合进行熔融物喷溅模拟。为了探究物质喷溅和水射流相互作用的机理,本节基于光滑粒子动力学原理对熔融物喷溅进行了模拟。

3.5.1　光滑粒子动力学原理

20 世纪 80 年代,Lucy 和 Gingold 等提出了无需划分网格的有限元方法,即光滑粒子动力学方法(Smoothed Particle Hydrodynamics, SPH)。起初该方法主要用于处理三维流体自引力的问题,将材料的应力张量、应变张量及强度引入到 SPH 后,该方法也可用于固体问题的求解。光滑粒子动力学的原理可以概括如下:

(1) SPH 方法是无网格性质的,使用 SPH 方法求解问题时,求解区域由一系列散布的粒子来表示,初始粒子都均匀排列。

(2) SPH 方法是一种纯拉格朗日方法,将粒子近似法应用于偏微分方程组的场函数中,然后将其离散。

(3) 粒子具有材料特性。

3.5.2　SPH 方法基本方程

要得到 SPH 的基本方程一般分两步进行,第一步是积分表示,又称为场函数的近似表示,对函数以积分表达式进行近似,通过对核函数进行逐步积分得到函数的积分表达式;第二步是粒子表示,即将相邻粒子的值叠加求和,用来近似表达离散点的函数值[99]。

1. 函数的积分表示

SPH 是基于核估量发展起来的,对变量场 Ω 内任意一个函数,都可以写成该函数与狄拉克函数乘积的积分表达式:

$$f(x) = \int_{\Omega} f(x')\delta(x-x')\mathrm{d}x' \qquad (3-4)$$

其中:$f(x)$ 为坐标向量 x 的连续函数;Ω 为包含 x 的积分体;$\delta(x-x')$ 为狄拉克函数,定义如下:

$$\delta(x-x') = \begin{cases} 1, & x = x' \\ 0, & x \neq x' \end{cases} \qquad (3-5)$$

为了便于求解,通常使用具有狄拉克函数特征的函数 $W(x-x', h)$ 来替代式(3-4)中的 $\delta(x-x')$ 函数,则积分表达式可写为

$$f(x) \approx \int_{\Omega} f(x')W(x-x', h)\mathrm{d}x' \qquad (3-6)$$

其中,$W(x-x', h)$ 也被称为光滑函数。

光滑函数需满足下列要求：

（1）光滑函数具有狄拉克函数特征，具体表达式为

$$\lim_{h \to 0} W(X - X', h) = \delta(x - x') \tag{3-7}$$

（2）归一化条件，表达式如下：

$$\int_{\Omega} W(x - x', h) \mathrm{d}x' = 1 \tag{3-8}$$

（3）紧支性条件：

当 $|x - x'| > kh$ 时，$W(X - X', h) = 0$，其中，k 为与点 x 处光滑函数相关的常数，光滑函数支持域 $|x - x'| \leqslant kh$ 的大小通过 k 值计算得出，一般积分域 Ω 即是支持域。

（4）非负性：在点 x 处，粒子支持域内任一点 x' 均有 $W(x - x', h) \geqslant 0$，这是为了杜绝非法参数出现，如负体积、负密度等。根据散度定理和分步积分，式(3-4)经过变换，用空间导数 $\nabla \cdot f(x)$ 替换 $f(x)$ 可得

$$\langle \nabla \cdot f(x) \rangle = \int [\nabla \cdot f(x')] W(x - x', h) \mathrm{d}x' \tag{3-9}$$

由以上方程可知，SPH 积分表达式将函数的空间导数转变为光滑函数的空间导数，而不是通过函数直接来确定的，致使光滑粒子动力学方法对场函数的连续性要求不高。

2. 函数的粒子表达

SPH 方法中另一个重要步骤就是函数的粒子表达。在 SPH 方法中，计算区域由有限个具有独立质量、密度及其他物理属性的粒子组成，将式(3-6)和式(3-9)转化为计算域内的粒子叠加求和的离散化形式的过程，称为函数的粒子表达。

用粒子体积 ∇V_j 代替体积微元 $\mathrm{d}x'$，则式(3-6)可以表示为

$$f(x) \approx \sum_{j=1}^{N} f(x_j) W(x - x_j, h) \nabla V_j = \sum_{j=1}^{N} \frac{m_j}{\rho_j} f(x_j) W(x - x_j, h) \tag{3-10}$$

其中：m_j，ρ_j 为粒子 j 的质量和密度；N 为计算区域内的粒子总数，则粒子 i 处的导数及函数的粒子表示为

$$\langle f(x) \rangle = \sum_{j=1}^{N} \frac{m_j}{\rho_j} f(x_j) W_{ij} \tag{3-11}$$

$$\langle \nabla f(x) \rangle = \sum_{j=1}^{N} \frac{m_j}{\rho_j} f(x_j) \nabla_i W_{ij} \tag{3-12}$$

用 r_{ij} 来表示 j 粒子和 i 粒子之间的距离，则式(3-12)可写为

$$W_{ij} = W(x_i - x_j, h) = W(|x_i - x_j|, h) \tag{3-13}$$

$$\nabla_i W_{ij} = \nabla_i W(x_i - x_j, h) \frac{x_i - x_j}{r_{ij}} \frac{\partial W_{ij}}{\partial r_{ij}} = \frac{x_{ij}}{r_{ij}} \frac{\partial W_{ij}}{\partial r_{ij}} \tag{3-14}$$

式(3-13)和式(3-14)即为函数的粒子表示式。

3. 光滑函数的常见形式

光滑函数的选择在 SPH 方法中最为关键，将直接影响模拟结果。为了便于表达，记为

$$R = \frac{r}{h} = \frac{|x - x'|}{h}$$

国内外学者常采用的光滑函数一般有以下几种[100]：

1）二次光滑函数

$$W(R, h) = \alpha_d \times \begin{cases} \dfrac{3}{16}(2-R)^2, & 0 \leqslant R < 2 \\ 0, & R \geqslant 2 \end{cases} \quad (3-15)$$

在一维、二维、三维空间中，α_d 分别取如下值：$\dfrac{1}{h}$，$\dfrac{2}{\pi h^2}$，$\dfrac{5}{4\pi h^3}$。

2）三次光滑函数

$$W(R, h) = \begin{cases} \dfrac{2}{3} - R^2 + \dfrac{R^3}{2}, & 0 \leqslant R < 1 \\ \dfrac{1}{6}(2-R)^3, & 1 \leqslant R < 2 \\ 0, & R \geqslant 2 \end{cases} \quad (3-16)$$

在一维、二维、三维空间中，α_d 分别取如下值：$\dfrac{1}{h}$，$\dfrac{15}{7\pi h^2}$，$\dfrac{3}{2\pi h^3}$。

3）四次光滑函数

$$W(R, h) = \alpha_d \times \begin{cases} \left(\dfrac{2}{3} - \dfrac{9}{8}R^2 + \dfrac{19}{24}R^3 - \dfrac{5}{32}R^4 \right), & 0 \leqslant R < 2 \\ 0, & R \geqslant 2 \end{cases} \quad (3-17)$$

在一维、二维、三维空间中，α_d 分别取如下值：$\dfrac{1}{h}$，$\dfrac{15}{7\pi h^2}$，$\dfrac{315}{208\pi h^3}$。

4）五次光滑函数

$$W(R, h) = \alpha_d \times \begin{cases} (3-R)^5 - 6(2-R)^5 + 15(1-R)^5, & 0 \leqslant R < 1 \\ (3-R)^5 - 6(2-R)^5, & 1 \leqslant R < 2 \\ (3-R)^5, & 2 \leqslant R < 3 \\ 0, & R \geqslant 3 \end{cases} \quad (3-18)$$

在一维、二维、三维空间中，α_d 分别取如下值：$\dfrac{1}{120h}$，$\dfrac{7}{478\pi h^2}$，$\dfrac{3}{359\pi h^3}$。

5）超高斯型光滑函数

$$W(R, h) = \alpha_d \times \begin{cases} \left(\dfrac{3}{2} - R^2 \right) e^{-R^2}, & 0 \leqslant R < 2 \\ 0, & R \geqslant 2 \end{cases} \quad (3-19)$$

在一维空间中，α_d 取值为 $\dfrac{1}{\sqrt{\pi}}$。

3.5.3　材料的状态方程

1. 水的状态方程

在数值模拟中水采用 SHOCK（冲击波）状态方程，实际上就是 Mie-Gruneisen（凝聚介质）方程的变形，所以在这里先介绍一下 Mie-Gruneisen 方程[101]。

通常将凝聚介质因为原子间的彼此排斥而产生的压力称为冷压，将凝聚介质加热时具有与气体相类似的压力性质称为热压。当外界压力不超过 1 TPa 时，冷压部分起着主要作用，这时能量和压力的关系可以表示为

$$p = p_c(V) + p_n(V, T) \tag{3-20}$$

$$e = e_c(V) + e_n(V, T) \tag{3-21}$$

其中：p_c 和 e_c 分别为冷压和冷能；p_n 和 e_n 分别为热压和热能。

热力学中 Gruneisen 系数定义为

$$\gamma_G = V\left(\frac{\partial p}{\partial e}\right)_v \tag{3-22}$$

对式(3-22)进行积分 $\int_0^T \partial p = \frac{\gamma_G}{V}\int_0^T de$，则有

$$p_n = \frac{\gamma_G}{V}e_n \tag{3-23}$$

由式(3-20)、式(3-21)和式(3-22)可得

$$p - p_c = \frac{\gamma_G}{V}(e - e_c) \tag{3-24}$$

式(3-24)就是著名的 Mie-Gruneisen 方程。

在实际的应用中，Mie-Gruneisen 方程无法直接用于计算，一般需要将其变化为更具体的形式，SHOCK 状态方程即为其一种变化形式。Mie-Gruneisen 方程以 Hugonoit 作为参考线的形式如下：

$$p - p_H = \frac{\gamma_G}{V}(e - e_H) \tag{3-25}$$

利用冲击波的能量方程可得

$$e_H - e_0 = \frac{1}{2}(p_H + p_c)(V_0 - V) \tag{3-26}$$

将式(3-26)代入式(3-25)中可得

$$p = p_H\left(1 - \frac{\gamma_G \mu}{2}\right) + \frac{\gamma_G}{V}(e - e_h) \tag{3-27}$$

其中，

$$p_H = \frac{\rho_0 c_0^2 \mu(1+\mu)}{[1-(\lambda-1)\mu]^2} \tag{3-28}$$

$$e_H = \frac{1}{2}\frac{p_H}{\rho_0}\frac{\mu}{(1+\mu)} \tag{3-29}$$

2. 熔融物状态方程

在数值模拟中，熔融物采用 JWL 状态方程。JWL 状态方程是 20 世纪 70 年代由美国劳伦斯利佛摩尔实验室的 Lee E. L 在前人工作的基础上提出的，其压力表达式如下[102]：

$$p = Ae^{-R_1 v} + Be^{-R_2 v} + \frac{\omega}{v}C_v T \tag{3-30}$$

$$e = \frac{A}{R_1}e^{-R_1 v} + \frac{B}{R_2}e^{-R_2 v} + C_v T \tag{3-31}$$

其中：v 为熔融物的比容；$e = \rho_0 e_0$，为单位体积的内能，ρ_0 为初始密度，e_0 为单位质量的内能；C_v 为比热；T 为温度；A，B，C，R_1，R_2 和 ω 为与熔融物状态有关的常数。

将式(3-20)和式(3-21)消去 $C_v T$，则得到 JWL 状态方程的压力表达式：

$$p = A\left(1 - \frac{\omega}{Rv_1}\right)e^{-Rv_1} + B\left(1 - \frac{\omega}{R_2 v}\right)e^{-R_2 v} + \frac{\omega e}{v} \tag{3-32}$$

其中，$e = \rho_0 e_0$，为单位初始体积的内能，依据比容的定义有 $\upsilon = \dfrac{1}{\rho}$，$\upsilon_0 = \dfrac{1}{\rho_0}$，引入相对密

度 $\eta = \dfrac{\rho}{\rho_0}$，单位内能 e_0 通常直接给出，式(3-32)可以改写成如下形式：

$$p = A\left(1 - \frac{\omega\eta}{R_1}\right)e^{-\frac{R_1}{\eta}} + B\left(1 - \frac{\omega\eta}{R_2}\right)e^{-\frac{R_2}{\eta}} + \omega\eta\rho_0 e \qquad (3-33)$$

3.5.4　熔融物喷溅结果分析

从实验中可以发现，水射流不仅有冷却作用，同时还能有效去除熔融物质。图3-35所示为激光束、水射流、工件相互作用示意图。在水射流和光束共同作用区域，水吸收一部分激光能量，导致水温迅速升高、汽化，同时水中形成了锁孔和大量的气泡，熔化材料在反冲压力作用下向外喷溅，然后在水射流作用下熔融物向两边扩散。为了进一步对这种机制进行探索，本节基于光滑粒子动力学原理对这个过程进行了模拟。由于软件的限制，模型进行了相应的简化，不考虑激光能量的作用，假定熔融物质已经形成，只考虑熔融物质的喷溅和水射流的冲击，熔融喷溅物的初速度设为 20 m/s[103]。

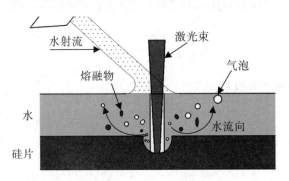

图3-35　水射流、激光、工件相互作用示意图

图3-36所示为熔融物质从熔池飞溅射入水下的锁孔中和水射流撞击的动态过程。图(b)中熔融物质喷溅初始时，小部分熔融物散落在划痕里面，大部分熔融物向外喷溅；图(c)中向上喷溅的熔融物在水射流冲击下向下回落，同时向两边散开，在水下形成气泡，在水表面形成水纹；图(d)中熔融物质在水射流的冲击下，最终分布在划痕两边，水下气泡溃灭。在水射流冲击作用下，水层厚度在水射流垂直冲击处最薄，整体呈台阶式分布。

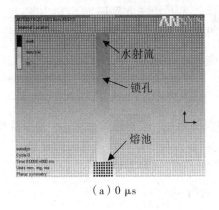

（a）0 μs

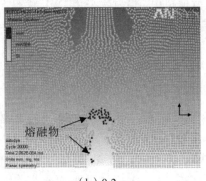

（b）0.2 μs

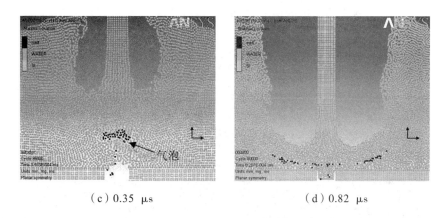

（c）0.35 μs　　　　　　　　　（d）0.82 μs

图 3-36　水射流和熔融喷溅物相互作用的动态过程

　　图 3-37 所示为水射流和熔融物质撞击后形成的流场，对图（*a*）撞击后 *b*、*c*、*d* 点形成的流场放大观察。在接近水面的 *b* 处，水向上流动，从而在水面上形成波纹。在水层的中下部，即 *c* 处形成了层流。在水层的底部，开始形成紊流，这部分紊流将熔融物推向两边。*SPH* 仿真结果表明在水射流激光划片工艺中水的流动作用，仿真结果与图 3-35 的假设模型吻合较好。

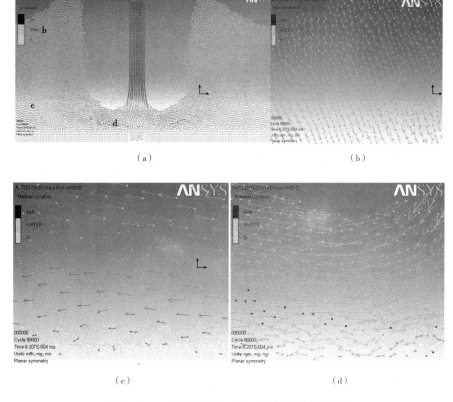

（a）　　　　　　　　　　　　　（b）

（c）　　　　　　　　　　　　　（d）

图 3-37　水射流和熔融物质撞击后形成的流场

　　图 3-38 和图 3-39 分别为不同工艺参数下的传统激光划片和水射流激光划片效果图，对比可以发现采用水射流时存在熔渣，大部分分布在槽的两边，少部分分布在槽内。而没

有水射流的传统激光划片所产生的熔渣大部分分布在槽内，与仿真结果较为符合。

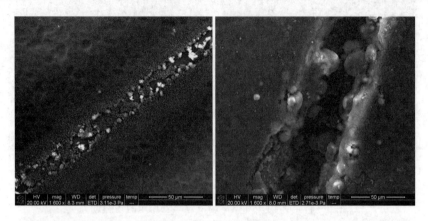

图 3 - 38   传统激光划片

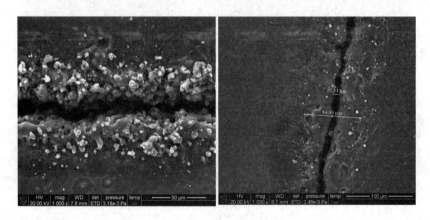

图 3 - 39   水射流激光划片

SPH 模型较为直观地模拟了水射流和熔融物的碰撞冲击及其造成的流场特征，同时揭示了划片产生的熔渣分布机理，说明水射流能有效去除划槽中的熔融物，提高划片效率。

3.5.5   小结

本节基于 SPH 对熔融物喷溅和水射流对流场运动的影响进行了模拟，模拟结果验证了本文提出的水的流动假设模型，并与实验结果较为吻合，较好地解释了水射流激光划片时熔融物喷溅和水射流共同作用对熔融物分布的影响。

第 4 章　溶液辅助激光加工的热力效应

4.1　激光微加工过程中的热效应研究[104]

　　激光加工的效果主要取决于激光对靶材所造成的热力效应，连续激光与物质的相互作用机理主要是热效应。目前对于气体环境下激光与靶材相互作用时的热效应和力效应已有较多的研究，而液体环境下连续激光与靶材相互作用时的热效应还鲜见报道。

　　为了更深入地理解连续激光电化学刻蚀金属的实验现象和工艺机理，根据连续激光加热特点提出的温度场求解简化处理办法，针对连续激光定点、扫描电化学刻蚀金属的实验，本节采用有限元分析软件 ABAQUS 对溶液中连续激光电化学刻蚀金属过程中的瞬态温度场分布进行数值模拟研究。

4.1.1　溶液中激光与物质相互作用的热效应

　　激光束辐照到靶材表面时，在不同的激光功率密度条件下，材料表层区域发生各种不同的变化，这种变化包括温度升高、熔化、汽化，形成小孔、等离子云等，材料在激光作用下的不同状态如图 4-1 所示[105]。激光辐射与吸收介质的相互作用，按其主要的物理现象可分为两个范畴：一个是低温范畴，通常激光功率密度低于 10^8 W/cm^2，这时物质发生的主要变化是由凝固相向气相的转变。通常的激光加工（包括激光淬火、激光熔覆、激光合金化、焊接、切割、打孔等）均属于低温范畴。另一个是高温范畴，激光功率密度大于 10^9 W/cm^2，此时，材料过渡到等离子体状态，瞬间产生高温等离子体[106]。本节中连续激光电化学刻蚀过程属于低温范畴。

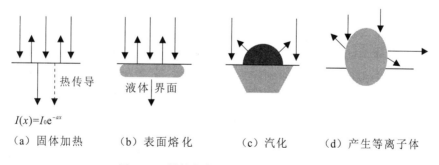

（a）固体加热　　　（b）表面熔化　　　（c）汽化　　　（d）产生等离子体

图 4-1　材料在激光作用下的不同状态

　　从分子及原子的微观尺度来看，激光与材料相互作用是一个复杂的物理过程[107]。物质吸收激光后首先产生的不是热，而是某些质点的过饱和能量，如自由电子的动能、束缚电子的激发能等。这些原始的激发要经过两个步骤才能转化为热能。第一步是受激粒子的空间和时间的随机化，这个过程在粒子的碰撞时间（即动量弛豫时间）内完成。第二步是能量在各质点间的均匀分布，这个过程包含有大量的碰撞和许多中间状态。一般来说，材料的弛豫时间极短，对于一般的激光加工，均可认为材料吸收的光能向热能转换是瞬间发生的，在这瞬间热能仅局限于激光辐照区很薄的材料表面层[108]。在宏观尺度下，实际材料被认为是具有某种热物性的连续介质，激光对材料的辐照作用将视为材料在激光照射下吸收部分能量，并将其转化为热能，再从辐照区域向周围介质扩散的过程。

在激光与材料相互作用的过程中，激光作用的等效热流量已有许多假设[109]。为了建立激光作用的等效热流量函数解析形式，本书分析了具有高斯分布的激光光束特性，即对激光的时空特征进行解析处理。另外，激光辐照与材料之间的能量交换中，热传导是主要过程，忽略材料与外界的辐射效应。当激光辐照到材料表面时，假设材料所吸收的能量全部转化为热能，激光加热函数的空间分布采用精确的高斯分布，那么材料所吸收的能量可表示为

$$Q(I_0, r, t) = I_0 A f(r) g(t) \tag{4-1}$$

其中：I_0 为激光能量密度；r 为轴对称坐标系中的径向位置；A 为材料表面的吸收率；$f(r)$、$g(t)$ 分别为激光的空间分布和时间分布；t 为时间。

当激光为空间高斯分布时，$f(r) = \begin{cases} \exp\left(-\dfrac{r^2}{r_0^2}\right), & 0 \leqslant r \leqslant r_0 \\ 0, & r \geqslant r_0 \end{cases}$；当激光为空间均匀分

布时，$f(r) = \begin{cases} 1, & 0 \leqslant r \leqslant r_0 \\ 0, & r \geqslant r_0 \end{cases}$；当激光为脉冲激光时，$g(t) = \dfrac{t}{t_0} \exp\left(-\dfrac{t}{t_0}\right)$；当激光为连

续激光时，$g(t) = 1$。其中：r_0 为激光光斑半径；t_0 为激光脉冲上升时间。

当 $r_0 \rightarrow 0$ 和 $t_0 \rightarrow 0$ 时，高斯分布的脉冲激光为等效激光作用点的热流源：

$$Q = I_0 A \delta(r) \delta(t) \tag{4-2}$$

4.1.2 热传导方程的求解方法和精度

1. 多层材料中的二维温度场解析模型

在激光加工应用中通常在 1 ns 或者稍长时间内就能使温度显著升高，这一时间仍然要比晶格振动的典型周期"长"得多，晶格振动的典型频率为 10^{15} Hz。因此，可运用经典的热传递模型来研究工件的加热问题。

激光辐照到金属材料的表面后，在一个非常薄的表层内便被吸收。按照能量守恒原理，材料表面吸收激光能量后，表层材料的焓将增加，在宏观上体现为温度的升高及表层体积的局部膨胀。热运动的不平衡在宏观上体现为热能从高温区向低温区流动。

激光辐照薄膜-基底系统的结构模型如图 4-2 所示。由于激光的空间分布具有高斯分布的特征，因而采用柱坐标系。其热传导方程可表示为

$$\rho_i c_i \frac{\partial T_i(r, z, t)}{\partial t} = \frac{1}{r} \frac{\partial}{\partial r}\left(r k_i \frac{\partial T(r, z, t)}{\partial r}\right) + \frac{\partial}{\partial z}\left(k_i \frac{\partial T_i(r, z, t)}{\partial z}\right) \tag{4-3}$$

其中：$T_i(r, z, t)$ 为时间 t 时的温度分布；ρ_i、c_i 和 k_i 分别为密度、比热和热传导系数；$i = $ f、s，分别表示薄膜和基底，薄膜厚度为 g，基底厚度为 d。

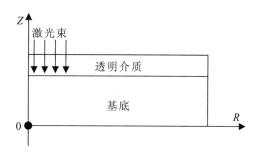

图 4-2　激光辐照薄膜-基底系统的结构模型

式(4-3)为偏微分方程,必须确定初始条件和边界条件后才能讨论方程的定解问题。初始条件的确定比较简单,材料的初始温度可看做环境温度,但边界条件相对复杂,应从材料的实际形状及激光辐照材料表面的物理过程进行考虑。在激光照射下材料表面吸收的激光的光能先转为热能,使表层温度升高,然后由表及里、由高温区向低温区扩散。因此,激光的热作用可以由两种方式来描述:其一是将材料从激光获得的热能视为一种边界条件,即紧靠材料表面存在一个随时间变化的外部热源;其二将激光视为一个随时间变化的内部热源,该热源存在于材料的一个极微薄的表层。无论采用上述哪种描述方式,边界条件的表达式都是相同的。

所以式(4-3)的定解问题的边界条件表述如下:

上、下表面:

$$-k_{\mathrm{f}} \frac{\partial T_{\mathrm{f}}(r,z,t)}{\partial z}\bigg|_{z=d} = I_0 A f(r) g(t)$$

$$-k_{\mathrm{s}} \frac{\partial T_{\mathrm{s}}(r,z,t)}{\partial z}\bigg|_{z=g+d} = 0 \quad \text{或} \quad T_{\mathrm{s}}(r,z,t)\big|_{z=g+d} = T_0 \tag{4-4}$$

侧面应用绝热边界条件,即

$$k \frac{\partial T}{\partial n}\bigg|_{r=0} = 0 \quad \text{或} \quad k \frac{\partial T}{\partial n}\bigg|_{r=R} = 0 \tag{4-5}$$

$\frac{\partial T}{\partial n}$ 为材料温度沿表面外法线方向的偏导数。

假设薄膜与基底的交界面为理想接触,即

$$T_{\mathrm{f}}(r,z,t)\big|_{z=d} = T_{\mathrm{s}}(r,z,t)\big|_{z=d}$$

和

$$-k_{\mathrm{f}} \frac{\partial T_{\mathrm{f}}(r,z,t)}{\partial z}\bigg|_{z=d} = -k_{\mathrm{s}} \frac{\partial T_{\mathrm{s}}(r,z,t)}{\partial z}\bigg|_{z=d} \tag{4-6}$$

初始条件:

$$T_i(r,z,0) = 293 \text{ K}$$

对于单层材料,热扩散方程、初始和边界条件简化为

$$\rho c \frac{\partial T(r,z,t)}{\partial t} = \frac{1}{r} \frac{\partial}{\partial r}\left(rk \frac{\partial T(r,z,t)}{\partial r}\right) + \frac{\partial}{\partial z}\left(k \frac{\partial T(r,z,t)}{\partial z}\right) \tag{4-7}$$

边界条件:

$$-k \frac{\partial T(r,z,t)}{\partial z}\bigg|_{z=0} = I_0 A f(r) g(t)$$

$$-k\left.\frac{\partial T(r,z,t)}{\partial z}\right|_{z=d}=0 \quad 或 \quad T(r,z,t)\big|_{z=d}=T_0 \tag{4-8}$$

初始条件：

$$T_i(r,z,0)=293\text{ K} \tag{4-9}$$

连续激光加热时间大于材料热传导特征时间常数 $\tau=4kt/r_0^2$（k 为材料的热扩散率，r_0 为激光光斑半径），且在连续激光加热溶液中的物质时，固液界面存在复杂的爆发沸腾现象，因此，以上边界条件需考虑沸腾对流换热损耗，需加入 $h(T_s-T_f)$，其中，h 为沸腾换热系数。

2. 三维温度场解析模型

激光扫描采用三维模型进行温度场分布的计算。在宏观尺度下，实际材料被视为具有某种热物性的连续介质，激光对材料的辐照作用将视为材料在激光照射下吸收部分光能，并将其转换为热能，再从辐射区域向周围介质扩散的过程。在连续介质中，材料内部的导热过程满足以下热传导方程：

$$\text{div}(k\cdot\text{grad}(T))+I_0=\rho c\frac{\partial T}{\partial t} \tag{4-10}$$

其中：T 为物体内部的温度场，通常情况为坐标及时间的函数；I_0 为热源功率密度；k、ρ 和 c 分别为导热系数、密度和比热。在直角坐标系 xyz 中，热传导方程可以写为

$$\frac{\partial}{\partial x}\left(k\frac{\partial T_i(x,y,z,t)}{\partial x}\right)+\frac{\partial}{\partial y}\left(k\frac{\partial T_i(x,y,z,t)}{\partial y}\right)+\frac{\partial}{\partial z}\left(k\frac{\partial T_i(x,y,z,t)}{\partial z}\right)+I_0$$
$$=\rho c\frac{\partial T_i(x,y,z,t)}{\partial t}$$

$$\tag{4-11}$$

式（4-11）为偏微分方程，必须确定初始条件及边界条件后才能讨论方程的定解问题。初始条件的确定比较简单，被处理材料在初始时刻的温度通常可视为环境温度，但边界条件却比较复杂，应从材料的实际形状及激光照射材料表面的物理过程来考虑。当激光对材料表面以扫描方式照射时，可以将材料从激光获得的热能视为一种边界条件，即紧接材料表面存在一个随时间变化的外部热源。初始条件和边界条件可表述如下：

初始条件：$t=0$ 时，$T=T_0$，T_0 为环境温度。

边界条件：根据材料表面观察区域热平衡的物理含义，观察区域达到热平衡时必须满足：在任意时间间隔内，从该区域单位面积向材料内部传送的热能加上对流换热向外界逸出的热能两项之和，应等于该区域从激光吸收的能量，即

$$k\frac{\partial T(x,y,z,t)}{\partial z}+h(T_s-T_0)=I_0Af(x,y)g(t) \tag{4-12}$$

其中：$f(x,y)=\exp\left(-\dfrac{x^2+y^2}{r_0^2}\right)$；$h$ 为沸腾对流换热系数；T_s 为材料表面温度；T_0 为环境温度；A 为材料表面对激光的吸收系数。由于材料的热物性参数是温度的函数，为此要得到激光加热过程中温度场分布的精确解析解是非常复杂的。

随着计算机技术的发展，可以利用有限元法来计算激光加热的温度场分布。有限元法模拟温度场的基本思想：一个复杂物体可以视为许多尺寸较小单元体的集合，若物体被分割的单元体足够小，则既可以模拟物体的几何形状，又能将节点处的温度视为节点附近材

料温度的平均值；当组成物体的各单元温度不相等或物体与外界产生热交换时，每一个节点在某一时间间隔内的温度变化，可以视为该时间间隔内通过该节点所对应网格流入（或流出）的热量引起的变化。如果已经知道初始时刻物体的温度分布，并且知道从这一时刻开始物体与外界的热交换情况，那么，通过设定适当的时间步长就可以跟踪计算或模拟出材料的温度场。

3. 有限元方法网格大小和时间步长的选择

分析过程的有效性和计算结果的可靠性是有限元方法的两大核心问题，它包括合理的有限元模型建立、恰当的计算方法以及对计算结果的正确解释三个方面。

有限元数值方法的优点是能够灵活处理复杂的几何形状，即处理复杂的边界条件，获得全场数值解，并且能够考虑材料的热物理参数随温度变化的实际情况。一般来说，三维问题由于节点未知量数目的增加，计算时需占用大量的计算机存储，耗费较多的机时。本书中，针对激光定点加热情况，考虑到实际问题具有轴对称性，利用其对称性，将三维问题简化为通过对称轴的平面二维问题，使结构的有限元计算模型及相应的计算规模得到缩减，从而使数据准备工作和计算工作量大幅度降低。激光扫描则采用三维模型来进行计算。

1）平面单元、网格大小的选择

针对激光定点加热情况，在材料的热分析中，根据热传导的物理性质，建立热传导分析平面单元，可分为三角形和四边形，该形状的选取与结构的构型有关。单元的阶次与所求场量的特征有关。在激光定点加热仿真中，采用适于对流分析的四边形一次单元 CAX4R，该单元类型有 4 个节点，每个节点有一个自由度（温度），并且可以用于稳态热分析和瞬态热分析。在激光扫描加热仿真中，采用能模拟三维热传导的单元类型 DC3D8，该单元类型有 8 个节点，每个节点有一个自由度（温度），并且可以用于稳态热分析和瞬态热分析。

为同时考虑计算精度和计算效率，在计算中采用了变网格技术，即在温度变化迅速的区域或温度梯度高的区域布置较密的网格，在温度变化较平缓的区域布置较稀疏的网格。在密疏网格之间逐步进行过渡。

网格大小选取的原则[110]是：比较基本分析结果和实验或已知准确结果之间的差异，对结果相差较大的区域采用更小的网格。

网格细化的测试：首先使用适当的网格，然后在关键区域使用两倍的网格，比较求解结果，如果两次结果之间有明显差异，则需要继续细化网格；如果其结果相差很小，则可认为网格已有足够的精度。

2）时间步长的选择

当激光辐照材料时，对于材料吸收激光能量后产生的瞬态温度场进行分析的时间区域包括两个阶段：第一阶段是激光作用阶段，第二阶段是激光作用后材料内部的温度场达到稳定不变的阶段。由于实际的材料、几何尺寸、加热或冷却的边界条件不同，温度场达到稳态所需的时间可能相差很大。因此，时间步长 Δt 的选取不仅应考虑求解的稳定性要求，也应考虑温度场达到稳定所需的时间，即 Δt 的合理选取与计算精度及计算量有关。在实际计算中可以首先估计温度达到稳态所需的时间，根据这个时间合理选取 Δt，在计算过程中根据解的精度要求再作适当的调整。

4.1.3 激光加热溶液中物质的热效应求解方法

当激光加热溶液中的固体物质时，多层材料模型中的透明介质是溶液。由于激光加热具有高能量密度、高升温率的特点，其热流密度高达 MW/m^2 量级，温度变化率达 10^7 K/s 以上，从而在溶液中产生快速瞬态核化沸腾现象。快速瞬态核化沸腾与常规缓慢沸腾的气泡行为差别包括：气泡生成速度极快、初始气泡很小、后期气泡半径大于液体中理论可存在的气泡半径、气泡数目较多等。这使得激光加热溶液中物质的热效应求解变得特别复杂。

传统沸腾换热研究中，有关传热机理的研究占有重要篇幅。而这正是理解、应用以及主动控制沸腾现象的理论基础，也是传热学的重要内容之一。但这项研究并不顺利，至今虽然已经分析出多种影响沸腾换热机理作用的因素，提出了多种可能的传热机理模型，但目前仍处于定性分析或半定量分析阶段。在具体工作环境时，主要是依赖实验数据和理论的相互配合，因而带有非常强烈的半经验性质。在已经取得的研究成果中，以下物理模型被经常提及，并用于解释沸腾过程中的内在传热机制[111,112]。

1. 气泡扰动模型

这种模型认为：由于气泡在加热面上长大和脱离，使得液体工质出现强烈的扰动和混合。同时，这些气泡还破坏着加热表面的热边界层，从而使得加热表面与液体工质之间的传热强度显著增高。实验证明，这种因素确实存在，而且，当气泡长大时，每个气泡能把2个直径范围厚的过热液体驱赶出去。这种模型的特点是把核态沸腾传热过程当作液体强迫对流过程来处理，忽略了沸腾过程存在相变这一重要因素，也未能反映出加热面状况及工质属性对沸腾传热的影响。用此模型尚不能解释核态沸腾换热强度为什么会比对流换热高 $1 \sim 2$ 个数量级的事实。

2. 汽液交换模型

这种模型认为：气泡的长大和脱离过程类似活塞的运动。当气泡长大（膨胀）时，会把加热壁面上的液体驱赶出去；而当气泡脱离后，一部分较低温度的液体工质又被"吸入"到产生气泡的地点。这样，在气泡长大和脱离的循环周期中，加热壁面附近的冷热液体与气泡之间不断发生热交换，从而使得大量的热量从壁面输出。这种模型考虑了气泡成长时所吸收的汽化潜热，但比较片面。

3. 微膜蒸发模型

这种模型认为：在气泡长大过程中，由于黏性力的作用妨碍着靠近壁面上液体的运动，因而有一层很微薄的液体保留在气泡根部的加热壁面上，这层液体称为微膜。因此，壁面给出的热量一部分通过液体的对流传递到远离加热面的液体，另一部分则通过液体微膜的导热传输给气泡并实现液体工质的不断汽化。

4. 热毛细力作用

对于气泡边界来说，在其底部由于受热而蒸发的同时，其顶部也会因向外传热而凝结，因而使得环绕气泡表面存在着一个较小的温度差。这导致气泡顶部上的表面张力略低，从而有利于该处液体的流动，诱发气泡周围液体的对流，进而形成射流，这种作用进一步强化了核态沸腾传热。

　　假设每种模型都有相应的沸腾放热系数和表达式，但在实际沸腾中，上述各种机理可能同时存在，即存在着多种传热方式，诸如高温壁面向外传热、液体的过热与汽化、气泡的扰动引起对流传热、气泡上升过程中各气泡之间及气液之间的热交换等。在沸腾的不同阶段，针对不同的具体情况，各种传热机理因素有着不同程度的重要性。

　　综合以上分析可以看出，在对沸腾传热机制的探讨中，涉及的不确定因素非常多，上述模型均未能完整地反映沸腾换热的全过程。因而在实际应用中，更多的是将各种效应和模型综合起来，组成对沸腾换热过程的全面描述，这样可以更全面、更真实地反映客观情况。Graham-Hendricks 模型和 Judd-Hwang 模型就是两个比较著名的组合模型[113]。尽管如此，对于各种不同的具体条件下如何根据实际过程恰当地确定沸腾换热系统中发挥作用的各种效应和因素，并估计各效应影响的大小，仍是组合模型所面临的亟待解决的问题。此外，在整个理论体系中，都是采用分析的方法，且注重的都是一个气泡的作用规律并加以推广，客观上缺乏单独微观过程与大量微观现象所致宏观效果之间的联系。

　　下面根据连续激光加热溶液中物质产生爆发沸腾的特点确定相应的温度场求解方法。

　　在连续激光加热沸腾过程中，加热表面上方会相继出现两种沸腾形态，即前期的爆发沸腾形态和后期的常规沸腾形态。在连续激光加热初期，加热表面的升温速率很高，达到几百度的过热度，足以导致试件上方微层液体的分子能量分布不均匀，使得部分液体密度在平均值上下起伏。在低密度区产生大量的汽化核心，并瞬间成长为大量的微小气泡。溶液沸腾消耗汽化潜热会降低靶材温度，而能量的进一步输入（在激光加热期间）又会升高其温度，使这些汽化核心能继续长大。随着时间的推移，气泡不断地生成和上浮，逐渐与加热表面分离。气泡上浮过程中，周围溶液处于过冷状态，在传热温差的影响下气泡内的气相工质会受冷迅速液化，并最终泯灭。此时，靠近壁面的微薄液层由于液体的对流和不断汽化处于剧烈的扰动状态，沸腾导致的换热系数很大，加热表面温度达到饱和值，升温速率大幅度减小，加热表面上方的沸腾形态转变为后期的常规沸腾行为。

　　快速瞬态核化沸腾与常规缓慢沸腾的气泡行为的差别包括：气泡生成速度极快，初始气泡很小，后期气泡半径大于液体中理论可存在的气泡，气泡数目较多等。对于常规饱和沸腾来说，由于气泡数量较少，气泡在脱离加热面上浮过程中，周围液体也处于饱和状态，因此不易发生收缩破裂，即使发生，这些释放的热量也基本被上浮液体的流动过程带走，不会形成对加热表面的反向热流。常规饱和沸腾中这些气泡破裂所释放的能量很大程度上用于提升全部液体工质的温度，不会对加热面产生影响。

　　连续激光加热液体中的物质时，前期的爆发沸腾形态历时很短，在 μs 到 ms 时间量级；随后的时间则是后期的常规沸腾形态。激光电化学刻蚀过程中，前期的爆发沸腾形态历时短，它在激光电化学刻蚀过程中的影响可以忽略；而对连续激光电化学刻蚀起主要影响的是后期的常规沸腾形态。传统沸腾机理研究认为气泡脱离加热表面时给周围液体带来了影响，从而影响了流动过程，并导致换热强度的提高。同时，传统研究中注重了沸腾过程中气泡生长过程（汽化）吸收相变潜热这一因素。这是沸腾现象中基本能量传递作用方式之一。在激光加热沸腾后期的常规沸腾形态中，由于气泡在加热面上不断生成、长大、脱离和浮升，远处较冷的液体不断流向加热面，使靠近壁面的微薄液体层处于剧烈的扰动状态：一方面是液体的对流，另一方面是液体的不断汽化。因此，对于同种液体，沸腾时的表面传热系数将远大于无相变时的对流换热表面系数。液体的沸腾伴随着相变，又称为相变传热。相变传热过程与流体的流动有关，因而属于对流传热范畴。它的特点是具有很高的传热系数，例如常压下水沸腾的换热系数 h 可高达 $2500\sim25\,000\ \text{W}/(\text{m}^2\cdot\text{K})$，可以以很小的温差来达到很高的传热速率[114]。

本节通过连续激光加热溶液中物质时的温度场的求解过程，模拟了溶液沸腾对温度场的影响，同时为了简化模型，设置了不同的溶液沸腾换热系数来模拟爆发沸腾对连续激光加热温度场的影响。

4.1.4 小结

本节详细阐述了激光与物质相互作用的热效应基本原理。针对溶液中连续激光与材料相互作用而引起的热效应，建立了激光作用下多层材料温度场分布的求解模型，并介绍了有限元分析中网格大小和时间步长的选取对计算精度的影响。同时对激光加热溶液中的物质时存在的爆发沸腾复杂现象进行了介绍，并根据连续激光的加热特点，提出了以设置溶液沸腾换热系数来模拟爆发沸腾对温度场的影响，从而求解溶液中物质温度场的简化处理办法。

4.2 连续激光电化学微加工金属的热效应仿真分析

为了更深入地理解激光电化学刻蚀金属的机理，有必要对激光作用下溶液中固液界面的温度分布进行研究。然而，针对激光电化学刻蚀金属工艺中激光作用溶液中物质产生的瞬态温度场分布尚未有人研究，而且，溶液中连续激光与靶材相互作用时的热效应研究也未见报道。为了求解以上非线性问题，本文采用有限元软件 ABAQUS 进行温度场的数值模拟。下面针对半导体连续激光作用溶液中物质的温度场分布进行研究。

4.2.1 激光定点刻蚀时瞬态温度场的数值模拟

前人对短脉冲激光加热空气中的固体物质进行了广泛的理论和实验研究，为解释加热材料中的诸多问题提供了有益结果[115, 116]。然而关于连续激光长时间加热溶液中金属的瞬态温度场分布还未见报道。

早期的模型主要研究半无穷大基体内部的传热，相继发展的数学模型考虑了激光参量、材料参数、熔池流场及等离子体等的影响。这些方法对于分析激光与物质相互作用过程、指导激光加工具有重大作用，但其计算方法及解析式都比较复杂，不直观。传统的热分析方法中，人们大多采用近似解析式的方法。激光加工过程中能表现出快速、复杂、多维等特点，传统的实验手段难以确定靶材中的瞬态温度变化和相位转变。理想的数学模型无疑对此问题的研究具有指导意义。由于溶液的存在和长时间的加热，研究中应考虑径向热传导与溶液沸腾换热。研究激光加热沸腾机理时需要注意气泡在脱离加热表面时会影响溶液的流动过程，并进而导致换热强度大大提高。这将使得求解更加困难。而采用有限元法，利用 ABAQUS 软件热分析的功能可以直接求解温度梯度、热流分布等，并且精度较高。

若连续激光加热时间大于材料热传导特征时间常数 τ，则需要考虑溶液热传导与沸腾对流损耗。为此，在数值仿真分析中作以下假设：

（1）在激光光斑中心，由于长时间的加热，激光光斑中心处的热传导遵循二维模型。

（2）考虑到溶液对波长 808 nm 激光的吸收特性，可忽略电解液吸收激光所导致的能量损失。

（3）在固-液交界面处，溶液和金属的温度相同。

（4）在溶液中进行激光调焦时，假设 4 mm 厚的溶液没有改变激光光斑的尺寸。

1. 建立模型和网格划分

仿真条件为：激光功率 $I_0 = 4.5$ W，光斑直径为 0.1 mm，初始温度 $T_0 = 293$ K。热分析的结构模型如图 4-3 所示。由于光斑小，刻蚀的孔和温度分布场都较小。一般在熔点以下，热导率、比热随温度升高略有增大，此过程是非线性的。鉴于本文进行的是定量稳态热分析，而且在热分析温升范围内材料参数变化不大，所以不考虑热性能参数随温度的改变。材料的热性能参数查阅相关手册即可。

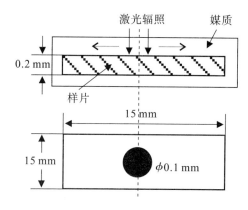

图 4-3　热分析的结构模型

激光定点加热具有轴对称性，分析时可将三维问题简化为通过对称轴的平面二维问题。ABAQUS 软件提供了各种单元来模拟不同方面的热问题。考虑到材料与溶液的沸腾换热，在进行网格划分时，将采用适于对流分析的二维实体单元 CAX4R。为了兼顾计算精度和运算速度，本文对溶液区域网格划分较粗，而对激光光斑照射的微区进行了单元细化，并且在激光光斑照射的边缘附近引入了过渡区，让网格尺寸逐渐变大。网格分布见图 4-4，其中，图 4-4(b) 为激光光斑照射微区附近的网格分布放大图。

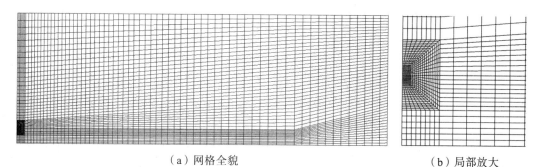

（a）网格全貌　　　　　　　　　　　　　（b）局部放大

图 4-4　网格分布

2. 热源模型及加载

热源模型的选取是否适当,对瞬态温度场的精度,特别是靠近热源的地方有很大的影响。这里假设激光束的能量恒定,并且激光功率密度采用高斯分布:

$$P(r,z) = \frac{I_0}{\pi r_0^2} \exp\left[-\frac{r^2}{r_0^2}\right] \tag{4-13}$$

其中:I_0 为激光功率;r_0 为高斯光束的半径。

当激光透过溶液照射到靶材表面时,激光能量在距金属非常薄的表层便被完全吸收。因此,可以将激光对不锈钢的热作用等效为一维面热源。

3. 相变问题

相变问题需要考虑熔融潜热,即在相变过程吸收或释放的热量。溶液汽化时,由液态变成气态要吸收热量;反之气泡凝结时,由气态变成液态也要放出热量,所以需要考虑溶液汽化相变潜热对温度场的影响,取水溶液的汽化潜热为 2257 kJ/kg。

4. 初始条件和边界条件

为使模型中每一节点的热平衡方程具有唯一解,需要附加一定的边界条件和初始条件。激光加热开始时,即在 $t=0$ 时刻,整个样片的温度都为初始温度,初始条件表达式如下:

$$T(r,z,t=0) = T_0 \tag{4-14}$$

其中,T_0 为环境温度。

由于热辐射的热量比样片吸收的热量小几个数量级,因此可忽略热辐射对温度场的影响。为了模拟激光加热溶液沸腾对温度场的影响,同时为了简化模型,应设置一定值的溶液沸腾换热系数来模拟溶液沸腾对温度分布的影响。由于激光热源沿对称轴对称分布,所以根据模型的对称性及内热源强度为正,可判断最大温度必出现在该对称轴上,满足 $\partial T/\partial x = 0$,因此对称轴可视为绝热。

5. 仿真结果

由于入射激光能量辐照到靶材的时间较长,材料表面吸收能量是一个渐变过程。在建立分析模型时,其边界条件需要考虑热传导、沸腾对流损耗。另外,将载荷-时间曲线分为载荷步,载荷-时间曲线中的每一个拐点为一个载荷步,载荷步长设为 0.1 ms。激光波形可近似为一个方波包络。模拟求解结果如图 4-5 和图 4-6 所示。图 4-5 所示为不锈钢在溶液中受热的热流场分布图。图 4-6 所示为不锈钢在溶液中受热的温度场分布图。其中,图 4-6(a)和图 4-6(b)分别为溶液沸腾的换热系数 h 设为 2500 W/(m² · K)和 25 000 W/(m² · K)时的温度场分布图。从图中可知,溶液沸腾换热系数越大,溶液的冷却作用越强,金属样片上的热扩散效应相对较小。图 4-7 所示为激光光斑中心温度随时间的变化曲线。由图 4-7 可知,金属表面温度快速升高并在很短的时间内达到一个饱和值,其中,当溶液沸腾换热系数 h 为 2500 W/(m² · K)时,最高饱和温度为 486 ℃。从图中可以看出,上升段规律性很好。由于在快速加热初始阶段,沸腾对流换热的作用很小,可忽略不计,然而激光能量很大,起始沸腾换热量远不能同入射激光能量比较,因此,在加热期曲线上升段，表现出激光加热爆发沸腾现象。随着加热时间推移，溶液沸腾的对流换热作用加大，沸腾换热量和热传导导热量等与入射激光能量相当，其温升曲线维持饱和值。此时，激光加热溶液中物质表面即转变为后期的常规沸腾。激光光斑中心温度时程分布也表明了连续激光加热溶液中物质存在前期的快速瞬态沸腾和后期的常规沸腾现象。因此，在溶液的约束模式下，激光加热不锈钢时表面温度在光斑中心附近是最高的，在很短时间内（约 0.1 s）温度可达到峰值。

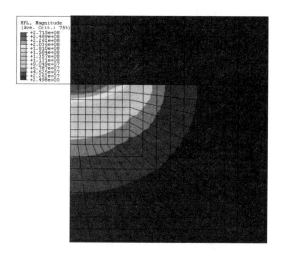

图 4 - 5　不锈钢受热的热流场分布图

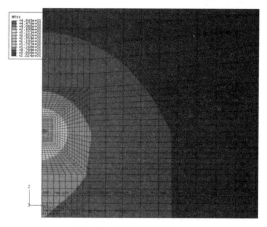

（a）h=2500 W/(m² · K)

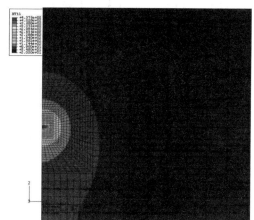

（b）h=25 000 W/(m² · K)

图 4 - 6　不锈钢受热的温度场分布图

　　仿真结果表明，本实验中半导体激光对溶液中不锈钢定点刻蚀时，材料表面温度能快速升高但不能达到不锈钢的熔点。这是由于：激光加热导致水溶液爆发沸腾后进行沸腾对流的热交换。激光加热溶液沸腾的换热系数很大，比常规对流换热系数高几个数量级，因此通过溶液沸腾换热引起的入射激光能量在溶液中的能量损耗很大。而且，激光加热时间较长，热传导换热损耗作用很大，入射激光能量的一部分用来加热整体材料。此外，溶液对入射激光能量有所吸收，使到达工件表面的激光功率密度有所减小。

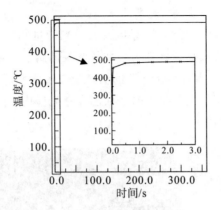

图 4-7　激光光斑中心的温升

图 4-8 和图 4-9 分别为从激光光斑中心沿径向和深度方向的温度分布，其中，图 4-9(a) 和图 4-9(b) 分别为从激光光斑中心沿深度方向向上、向下的温度分布。为了模拟溶液沸腾换热对固-液界面温度场分布的影响，设置了不同的溶液沸腾换热系数来进行激光加热溶液中物质的温度场仿真计算。从图中可知：温度从激光中心沿径向和深度方向均快速衰减，产生了较大的温度梯度，且沿径向的温度梯度大于沿深度方向的温度梯度，即径向温度衰减更快；激光光斑半径沿径向在 50 μm 处温度陡降，激光辐照以外区域的温度曲线较为平缓。这表明仅在激光光斑照射微区产生很高的温度，光斑以外温度急剧降低。温度梯度影响溶液的流体运动，从而产生溶液的微搅拌作用。其中，当溶液沸腾的换热系数增大时，温升略有减小，但对温度场分布的基本趋势没有很大的影响。同时，仿真研究中发现增加潜热对温升曲线几乎没有影响，这是因为相变传热中设置的较大沸腾换热系数包含了相变潜热的影响。

分析结果表明，在本实验条件下，半导体激光刻蚀溶液中不锈钢不能达到金属熔点。但样片表面温度从激光中心沿径向和深度方向都快速衰减，激光照射微区产生很大的温度梯度，温度梯度实现了选择性刻蚀。这能很好地解释 3.1.2 节的实验结果。

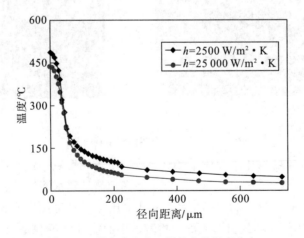

图 4-8　微光光斑中心沿径向的温度分布

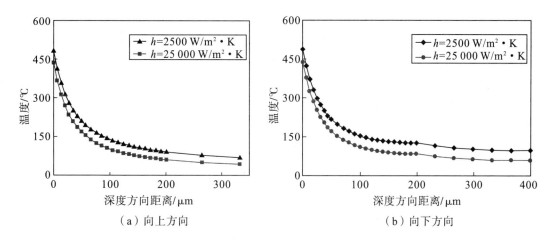

（a）向上方向 （b）向下方向

图 4 - 9 激光光斑中心沿深度方向的温度分布

4.2.2 激光扫描加工时瞬态温度场的数值模拟

针对提高刻蚀质量的激光扫描试验研究，进行激光扫描加工的温度场仿真。仿真条件为：激光功率 $I_0 = 4.5$ W，光斑直径为 0.1 mm，扫描速度 $v = 0.05$ m/min，初始温度 $T_0 =$ 293 K。激光扫描仿真计算中的热分析结构模型如图 4 - 10 所示。

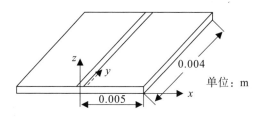

图 4 - 10 热分析结构模型

1. 热源模型及加载

这里假设激光束的能量恒定，且激光功率密度呈高斯分布：

$$P(x, y, z) = \frac{I_0}{\pi r_0^2} \exp\left[-\frac{(x^2 + y^2)}{r_0^2}\right] \quad (4 - 15)$$

其中：I_0 为激光功率；r_0 为高斯光束的半径。

当激光透过溶液照射到不锈钢表面时，激光能量在非常薄的金属表层被完全吸收。因此，可以将激光对不锈钢的热作用等效为二维面热源。为建立激光扫描的动态模型，本文中激光热源载荷的移动通过子程序的加载来实现。这个子程序定义了 n 个在不同时刻（time 控制）的整个单元集上各积分点的载荷分布。某一时刻就是一个静态非均布的载荷，不同的时刻构成不同的分布。当分析到任一时刻时，就用该时刻的分布来实现加载，连贯起来，形成移动。当然，这并不是实际意义上的载荷移动，但从分析的角度来看，它使不均匀分布载荷随时间而施加于不同位置，这也是一种移动。

2. 相变问题

相变问题需要考虑熔融潜热，即在相变过程吸收或释放热量。溶液汽化时，由液态变成气态要吸收热量；反之气泡凝结时，由气态变成液态也要放出热量，所以需要考虑溶液汽化的相变潜热对温度场的影响，取水溶液的汽化潜热为 2257 kJ/kg。

3. 网格划分和步长

激光加热溶液中物质是一个温度随时间和空间急剧变化的过程，温度梯度很大。因此，网格划分在激光光斑扫描路径的区域及其附近要比较精细，远离光斑区域可划分得较粗。加热阶段计算时间步长要小。对于三维问题，过小的时间步长和过密的网格需要很大的计算机容量和较长的计算时间。本文计算时按照对称性取试样的一半来进行分析。ABAQUS 三维热模拟选用 DC3D8 单元，最小时间步长控制在 0.1 ms，此时计算结果相对比较精确。

4. 初始条件和边界条件

为使模型中每一节点的热平衡方程具有唯一解，需要附加一定的边界条件和初始条件。激光加热开始时，即在 $t=0$ 时刻，整个样片的温度均为初始温度，初始条件表达式如下：

$$T(x,y,z,t=0) = T_0 \tag{4-16}$$

其中，T_0 为环境温度。

由于热辐射热量比样片吸收的热量小几个数量级，因此可忽略热辐射对温度场的影响。由于激光扫描速度较慢，移动一个光斑直径的距离所花时间为 0.12 s，因此需要考虑溶液中沸腾对流换热损耗。为了模拟激光加热溶液沸腾时温度场的分布，同时为了简化模型，设置一定值的溶液沸腾换热系数来模拟激光加热溶液沸腾对温度分布的影响。溶液沸腾换热系数 h 设为 2500 W/(m² · K)。由于激光移动热源沿对称面对称分布，根据模型的对称性及内热源强度为正，可判断最大温度必出现在该对称面上，满足 $\partial T/\partial x=0$，因此对称面可视为绝热平面。

5. 温度场仿真结果

图 4-11(a)和图 4-11(b)分别为扫描初始时刻 $t=1.44$ s 和扫描于板中央时刻 $t=2.28$ s 的不锈钢表面温度场分布。从图中可知，扫描光斑点处温度最高，最高温度达到 484 ℃，与定点刻蚀的最高温度相当。这是由于激光扫描速度较慢，移动一个光斑直径的距离所花的时间与激光定点加热溶液中物质达到饱和值温度的时间相当。这么慢的扫描速度足以使扫描到该点处的温度达到激光加热的饱和温度值。另外，相比激光热源前进方向的反方向，前进方向等温线较密集，温度梯度较大，但差别不大。图 4-12(a)和图 4-12(b)分别为平行扫描方向的对称截面和垂直扫描方向截面的温度场分布图。图 4-13(a)和图 4-13(b)分别为 $t=2.4$ s 时刻扫描方向和扫描点中心轴线沿深度方向的温度场分布图。由图 4-13(a)可以看出，除激光作用的起始点外，其他几点从初始温度经过最高温度降低到稳定温度的时间历程基本相同。不同点的温度时程分布表明：激光加热过程中在加热阶段升温很快，在冷却过程中温度下降的速度也很快，加热升温和降温过程的时间历程近似呈对称分布。这不同于一般的激光扫描加工温度时程分布和脉冲激光加热温度时程分布，它们的温度分布时程曲线中下降过程速度较缓慢，温度需经历较长时间才能降到较低。因此这种陡升陡降的尖锐温度时程曲线是溶液中激光扫描加工温度时程分布的独有特点，这是由溶液的冷却作用导致的。激光扫描和溶液的冷却作用减少了热作用时间，缩小了热效应，因而实现了脉冲激光加热的效果。对本实验而言，溶液冷却缩小热效应使得溶液中连

续激光扫描的加热效果比脉冲激光的加热效果更好。激光扫描路径上各点温度大于 100 ℃ 的时间约为 1 s。由此可知，相比定点刻蚀而言，激光扫描加工大大地缩短了热作用时间。由图 4-13(b)可知，在样片深度方向温度快速衰减，在光斑中心的样片背面最大温度能达到100 ℃。图 4-14 所示为扫描时间 $t=2.4$ s 时温度场的三维分布。激光沿 y 轴移动，激光扫描点出现峰值，并沿 x、y 方向快速递减。图中显示高温区只集中在很小区域，不锈钢表面大部分区域保持较低的温度。

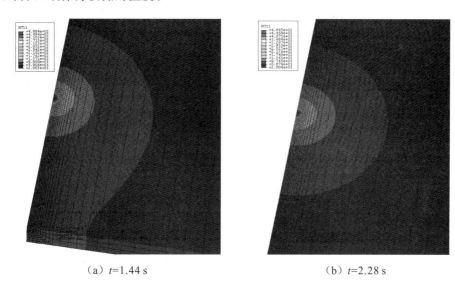

（a）$t=1.44$ s　　　　　　　　　　（b）$t=2.28$ s

图 4-11　激光扫描时不锈钢表面的温度场分布图

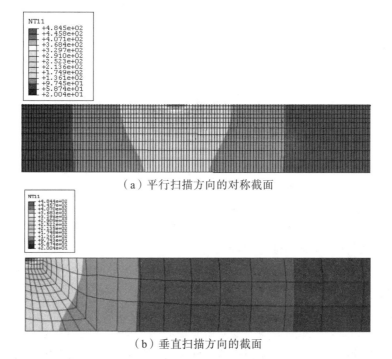

（a）平行扫描方向的对称截面

（b）垂直扫描方向的截面

图 4-12　不锈钢截面的温度场分布图

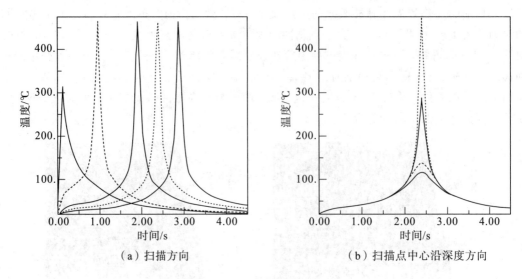

（a）扫描方向 　　　　　　　　　　　（b）扫描点中心沿深度方向

图 4 - 13　温度分布的时间历程

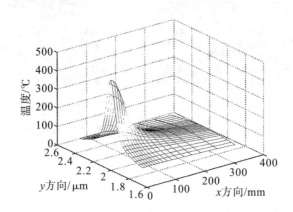

图 4 - 14　$t = 2.4\text{ s}$ 时不锈钢表面温度场的三维分布

激光扫描的仿真温度场分析表明：激光扫描并不能较大地降低最大温升，但是，随着激光光斑位置的不断变化，在同一位置较高温度的热作用时间大大缩短，光斑照射附近区域的热扩散效应得到减小。因而激光扫描加热溶液中物质实现了类似于脉冲激光加热的效果。

4.2.3　小结

针对激光电化学刻蚀金属工艺中激光作用溶液中物质产生的瞬态温度场分布情况，为了更深入地理解激光电化学刻蚀金属的机理，本节对激光作用下溶液中物质的固-液界面温度分布进行了研究。根据连续激光加热的特点提出了求解温度场的简化处理办法，针对连续激光定点和扫描电化学刻蚀实验，通过有限元分析软件 ABAQUS 对溶液环境中连续激光加工的瞬态温度场分布进行了数值模拟。激光定点刻蚀仿真表明：激光加热的最大温升不能达到金属熔点，样片的表面温度从激光中心沿径向和深度方向都快速衰减，激光照射微区产生很大的温度梯度。激光扫描仿真的温度分布表明：激光光斑扫描点的温度时程曲线是陡升陡降的分布，激光扫描和溶液的冷却作用减少了在同一位置的激光热作用时间，从而缩小了热效应，这实现了类似脉冲激光加热的温度时程分布。

4.3　脉冲激光电化学微加工过程中的热力效应研究

激光加工的效果主要取决于激光对靶材所造成的热力学效应，强激光与靶的相互作用主要表现为热效应和力效应，其中，短脉冲激光在激光与物质相互作用机理上主要表现为力效应。对于气体环境下脉冲激光与靶材相互作用时的热效应和力效应已有较多的研究，液体环境下脉冲激光与靶材相互作用时的热力学效应还鲜见报道。

在快速加热液态中的物质方面，前人提出了一些有价值的理论。但是，他们的工作都是相对低能量脉冲激光输入产生溶液较低过热的研究。迄今为止，由于脉冲激光加热溶液中物质的复杂性和特殊性，关于高能脉冲激光加热将导致近固体表面液体的超高过热和超高爆炸压力的研究还鲜有报道。为了深入理解准分子激光电化学刻蚀硅工艺的实验现象和工艺机理，本节针对高能短脉冲准分子激光电化学刻蚀工艺过程中激光作用溶液中物质的热力学效应进行研究。

4.3.1　准分子激光作用溶液中物质产生瞬态温度场的分析

当激光加热溶液中的固体物质时，由于激光加热具有高能量密度、高升温率的特点（其热流密度高达 MW/m² 量级，温度变化率达 10^7 K/s 以上），这会在溶液中产生快速瞬态核化沸腾现象。快速瞬态核化沸腾与常规缓慢沸腾的气泡行为差别包括：气泡生成速度极快、初始气泡很小、后期气泡半径大于液体中理论可存在的气泡半径、气泡数目较多等。这使得激光加热溶液中物质的热效应求解变得特别复杂。

准分子激光功率密度高（其热流密度高达 GW/m² 量级）、脉冲宽度短（20 ns），准分子激光作用溶液中物质会导致复杂的爆发沸腾现象。下面根据高能量短脉冲激光加热溶液中物质产生爆发沸腾的特点，确定相应的温度场求解方法。

高能量短脉冲准分子激光聚焦照射溶液中物质时，将导致近固体表面的液体超高过热，瞬间产生大量气泡并形成气泡群，发生爆炸式沸腾。

传统沸腾机理研究考虑了气泡脱离加热表面时给周围液体带来的影响，进而影响了流动过程，并导致换热强度的提高。同时，传统研究中还注重了沸腾过程中气泡生长过程（汽化）吸收相变潜热这一因素。这是沸腾现象中基本能量传递作用方式之一。但是对于爆发沸腾气泡群来说，众多气泡在短暂时间内并不会表现出传统意义上的大气泡脱离上浮过程，更多的是发生在内部众多小气泡的生长、合并、收缩、泯灭等过程。在进入爆发沸腾旺盛期以后，随着气泡群内部众多气泡的逐渐长大，气相工质所占比例逐渐增加，相应的相变潜热吸收必然会成为一个重要的传热影响因素。此外，在爆发沸腾气泡群内部，气泡发生着非同平常的破裂行为。气泡破裂会释放压力波，导致复杂的射流等特定过程，从而显著地影响局部流场。这些会对传热过程造成一定影响。由于在爆发沸腾气泡群中，液体也具有较高的温度，因而液体与加热表面的温差较小，此时，这种因内部流动而对加热表面的"冲刷"换热作用就显得很微弱[117]。从这些原因可以看出，爆发沸腾气泡群在旺盛期间，内部存在的复杂流动对气泡群的演变和整体表现起着很重要的作用，但是对其整体换热效果的影响则不明显，起主要作用的是导热机制。因此，传统的气泡扰动因素在爆发沸腾条件下将不会发挥很大作用。

前人研究指出，爆发沸腾气泡群的整体运动速度较小，爆发沸腾发生的过程非常短暂，因此可以肯定，导热作为最基本的传热规律，在爆发沸腾气泡群中占有非常重要的地位。这一点被很多学者所认同。事实上，有的学者，例如 Wang[118] 对爆发沸腾传热机理的分析中，甚至把导热作为唯一的传热因素来考虑。董兆一[119]也以导热过程为主，结合内部能量的释放和吸收，加热表面温度的计算结果和实验测量值已经基本吻合。这说明：在爆发沸腾旺盛阶段，虽然前面所探讨的流动、扰动等相关传热因素对传热过程可能存在一定程度的影响，但是对传热过程起主导作用的机制仍是导热过程。

因此，在本研究中，完全可以借用传统研究的指导思想，以导热过程为主导机制对准分子激光电化学刻蚀实验中所产生的爆发沸腾进行传热分析。准分子激光的脉宽为 20 ns，当考虑约束介质溶液中脉冲激光的热效应时，其加载时间远小于材料热对流和热辐射的变化率，即可忽略对流和热辐射损耗。通常认为脉冲激光在加热后发生均相形核沸腾时，亚稳状态的液体工质处于高度过热状态，且与气相之间的温度几乎相等。因此，可以认为微小气泡的局部温度等于其周围的液体工质温度。

在求解浸于溶液中硅-液界面的温度分布时，作以下假设：

（1）考虑到纳秒脉冲激光的热渗透深度很小，激光光斑中心处的热传导遵循一维模型。

（2）由于覆盖在材料表面的溶液厚度为 1 mm，忽略电解液对激光吸收的能量损失。

（3）在固-液交界面处，溶液和硅片的温度相同。

（4）由于在溶液中进行激光调焦，假设 1 mm 厚的溶液没有改变激光光斑的尺寸。

计算硅和溶液温度轮廓的一维傅里叶热传导方程如下所示：

$$\begin{cases} \dfrac{\partial^2 T_s(z,t)}{\partial^2 z} - \dfrac{1}{\alpha_s} \dfrac{\partial T_s(z,t)}{\partial t} = P_s(r,t) \\ \dfrac{\partial^2 T_1(z,t)}{\partial^2 z} - \dfrac{1}{\alpha_1} \dfrac{\partial T_1(z,t)}{\partial t} = P_1(r,t) \end{cases} \qquad (4-17)$$

其中：$T_s(z,t)$、$T_1(z,t)$分别为硅基体和溶液在时刻 t、深度 z 处的温度；α_s、α_1 分别为硅和溶液的热扩散率；$P_s(r,t)$、$P_1(r,t)$分别为激光传给硅和溶液的激光功率密度部分；r 为距光斑中心的径向距离。

在固-液交界面，激光被固体表面吸收的整个功率密度流 P 为[120]：$P = P_1 + P_s$。本实验采用的功率密度大于 10^5 MW/m²，因此，采用非傅里叶效应求解 P_1 和 P_s 之间的分配比率[121]：

$$\frac{P_s}{P_1} = \frac{(\rho c \xi)_s}{(\rho c \xi)_1}$$

其中：ρ 为密度；c 为比热；ξ 为第二声波速或热波速（$\xi^2 = \alpha/\tau$，α 为热扩散率，τ 为热弛豫时间）。

激光能量空间分布为高斯分布，时间分布为矩形脉冲，激光入射中心的温度为

$$T(z,t) = \frac{2\alpha_A P_s \sqrt{a_s}}{\lambda_s} \left[\sqrt{t}\, \mathrm{ierfc}\, \frac{z}{\sqrt{4a_s t}} - \sqrt{t-t_0}\, \mathrm{ierfc}\, \frac{z}{\sqrt{4a_s(t-t_0)}} \right], \ 0 \leqslant t \leqslant t_0$$

$$T(0,t) = \frac{2\alpha_A P_s \sqrt{a_s}}{\lambda_s} \left[\sqrt{t} - \sqrt{t-t_0} \right], \ t > t_0 \qquad (4-18)$$

其中：t_0 为激光脉冲宽度；α_A 为硅的热吸收率；λ_s 为硅的热导率。

于是，可得激光光斑中心的硅片表面温度随时间变化的曲线（见图 4-15），实验条件为：脉冲能量为 200 mJ，脉冲频率为 2 Hz。图 4-15(a)为 0.5 s 时间内硅片表面温度的时间历程曲线；图 4-15(b)和图 4-15(c)为图 4-15(a)的局部放大图。从图中可知，硅表面温度先快速上升，然后快速下降，到几百度后下降速度变慢；从图 4-15(a)中可知，剧烈的升降温在 ns 量级时间内完成。根据上述分析可求出不同脉冲频率条件下靶材的平均温升，其中最大温升不超过 82 ℃。

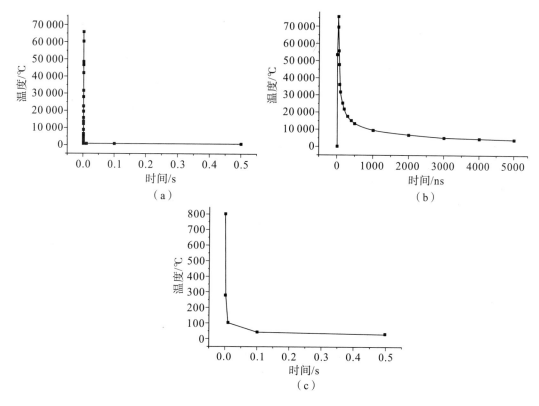

图 4-15 激光光斑中心处硅表面温度随时间变化的曲线

4.3.2 溶液中激光与物质相互作用的力学效应

激光与物质相互作用产生的力学效应对应着机械冲击引起的冲击波[122]，它产生于迅速蒸发与膨胀的高温等离子体对靶体的反冲压力。当脉冲激光的功率密度足够强（超过 10^9 W/cm²）时，材料表面吸收激光能量迅速汽化，并几乎同时形成向外急剧膨胀的高温稠密等离子体，从而产生向材料内部传播的高压冲击波。一般认为，对这种持续时间极短（约 20～40 ns 量级）的短脉冲激光，能量在材料中的弥散（热传导产生的耗散）可以忽略，其作用局限在激光辐照区附近的力学效应[123]。强激光辐照靶材引起了蒸气或等离子体的流体力学运动，且其在固体靶中的传播构成了激光对靶的力学效应，其中，蒸气或等离子体的运动占据明显的能量比例，其动力学机制成为这类现象的主要因素。等离子体冲击波模型对改善激光冲击效果、增强激光与靶的耦合有至关重要的作用。当靶表面存在对激光透明的约束层时，激光冲击波压力大大增强，这种冲击结构称为约束模型。

本节中高能量短脉冲准分子激光电化学刻蚀过程中的力效应是约束模型的等离子冲击波效应。而且，当约束介质为液体时，还存在空化空蚀这一力效应。激光作用溶液中物质的力效应主要由约束模型的冲击波效应和空蚀机制决定。这些力效应的存在直接影响着激光加工的质量和效率。

1. 冲击波效应

为了提高冲击波的压力，人们采用所谓的"约束烧蚀"方式。激光冲击的约束模型[124]如图 4-16 所示。约束模型对非约束模型的冲击压力产生机制进行了巧妙的修正，首先在金属材料表面覆盖一层对激光波长不透明的物质（通常为黑色涂层），然后在其上增加对激光透明的材料，即约束层。当激光束穿过透明约束层后，激光能量被不透明的涂层吸收，涂层在激光作用下变成等离子体，不但有效抑制激光对金属表面的热影响，而且保护了被冲击的工件。另外，约束层的存在有效地增大了等离子体对激光能量的吸收，新产生的等离子体会持续吸

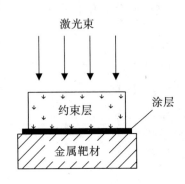

图 4-16 冲击波约束模型示意图

收剩余的激光能量，从而延长了等离子体的加热时间。与非约束模型相比，约束模型下冲击波峰压可达到 10 GPa，激光冲击波的脉宽也提高到激光脉冲宽度的 3 倍。

为了精确地描述约束模型中激光冲击波的形成机制，可把约束模型中激光与物质的相互作用过程分为三个阶段：① 激光加热过程；② 当激光脉冲结束以后，等离子体将继续维持一定的压力；③ 复合等离子体的绝热冷却过程。

图 4-17 为约束模型下等离子体传播模型。激光能量在靶材和约束层之间被吸收，并仅局限在一个很薄的表层，这一区域的物质（即涂层）被加热、汽化、离化后形成等离子体，它的喷爆受到了约束层的限制，压力迅速增大，同时打开界面空隙做功。

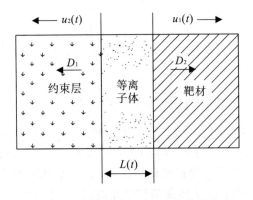

图 4-17 约束模式下等离子体传播模型

假设这一压力足够强以致产生两种冲击波，分别在靶材和约束介质中以速度 D_1 和 D_2 反向传播。于是，在冲击波的推动作用下，产生物质界面的位移，这个位移仅仅由两种冲击波后的流体运动（速度分别为 u_1 和 u_2）引起。以 $L(t)$ 表示在 t 时刻界面空隙的厚度，可由如下公式计算：

$$L(t) = \int_0^t [u_1(t) + u_2(t)] dt \tag{4-19}$$

而其压力 P 为

$$P = \rho_i D_i u_i = Z_i u_i \tag{4-20}$$

其中，ρ_i、D_i 及 Z_i 分别为材料的密度、冲击波传播速度及特性阻抗（$i=1$、2，分别代表靶和约束层）。

对于目前在工程中取得广泛应用的约束模式，Fabbro 等建立了如图 4-17 所示的激光冲击波传播的一维模型[124]。此模型包括如下假设：

（1）激光能量均匀分布在整个光斑范围内，材料表面受热均匀。

（2）约束层和靶材皆为各向同性的均匀物质，热物理特性为常数。

（3）将等离子体看做理想气体。

（4）等离子体只在轴向膨胀。进而对约束模式中的等离子体行为给出了如下的宏观方程式：

$$\begin{cases} \dfrac{dL(t)}{dt} = \dfrac{2}{Z} P(t) \\[2mm] \dfrac{2}{Z} = \dfrac{1}{Z_1} + \dfrac{1}{Z_2} \\[2mm] L(t) = p(t) \dfrac{dL(t)}{dt} + \dfrac{3}{2\alpha} \dfrac{d}{dt} [p(t) L(t)] \end{cases} \tag{4-21}$$

其中：固体靶及约束层对冲击波的阻抗 $Z = \rho_i D_i$ 为常数；α 为激光等离子体内能转化为热能的比例系数，其中 $\alpha (0 < \alpha < 1)$ 典型地取为常数 $0.1 \sim 0.2$。把等离子体当作理想气体处理，等离子体只在轴向膨胀。从而推导出激光脉冲结束时最大冲击力，即峰值压力的关系式：

$$P_{max} = 0.01 \left(\frac{\alpha}{2\alpha + 3} \right)^{\frac{1}{2}} Z^{\frac{1}{2}} I_0^{\frac{1}{2}} \tag{4-22}$$

其中：P_{max} 为冲击波峰值压力；Z 为靶材和约束层的声阻抗；I_0 为激光功率密度。

式（4-22）不仅定性地反映了约束层声阻抗和激光脉冲能量对冲击波峰值的贡献，而且与实验结果基本保持一致。

2. 空蚀机制

水下激光与物质相互作用时还会产生空气介质中所没有的空化空蚀现象。当空泡在固壁面附近溃灭时会产生对靶材有较强破坏效果的射流冲击力，该射流冲击力的强度的数量级约为几百兆帕，且始终垂直指向靶材。除溶液中激光烧蚀力之外，液体射流冲击作用是溶液中激光加工力效应的另一个重要根源。因此准分子激光电化学刻蚀过程中还存在空化这一特有现象。

当约束层为液体时，液体环境中的激光加工还会出现空泡。当空泡产生后，空泡在泡内外压差的作用下对外膨胀，推动周围液体介质对外径向流动。泡内压力随着泡的膨胀不断下降，当降到周围介质的静液压力时，由于液体的惯性作用，气泡将继续进行"过度"的膨胀，一直达到最大泡半径。此时由于泡内压力低于周围介质的平衡压力，周围液体开始反向运动，即向中心聚合，同时压缩气泡使之不断收缩，其腔内压力逐步增大。由于聚合液流惯性的作用，气泡被"过度"压缩，使其内部压力再次高于周围的平衡压力，直至腔内压力能阻止气泡压缩而达到新的平衡。至此，气泡膨胀与压缩的第一次循环结束。但此时由于泡内压力比周围介质的静压大，空泡反弹，经历第二次膨胀和压缩过程。通常该过程称为空泡脉动。当液体的密度和惯性均比较大时，液体中空泡通常会经历多次这样的脉动过程。随着泡能和泡内含气(汽)量的逐步减少，空泡最终溃灭，同时空泡在脉动过程中还将对外辐射若干冲击波。

空泡的发展表现出有别于等离子体冲击波的传播特性，尽管二者均是由激光等离子体对外膨胀所引起的。但由于冲击波波阵面的传播速度快于波后粒子的速度，因此冲击波和空泡的分离几乎是在等离子体熄灭瞬间开始的。冲击波从形成到其达到最大速度这一瞬态过程是在等离子体附近、激光脉冲的作用时间内完成的。而空泡膨胀速度相对缓慢，在其较远距离处才达到最大速度。由于空泡溃灭所引起的冲击波辐射和产生射流，以及周围液体黏滞力的作用，造成了大量泡能的耗散，因此空泡在第二次收缩末期所剩泡能仅占第一次脉动泡能的 7%。由此可见，在空泡整个运动过程中，大部分泡能主要集中在第一次脉动过程中。因此，激光电化学刻蚀过程中对刻蚀起作用的力效应主要表现在空泡第一次的脉动过程中。

准分子激光电化学工艺过程中，空泡脉动造成周围靶材损伤的主要机制有两种特征效应：① 空泡在最后馈灭阶段对外辐射的声脉冲冲击效应；② 空泡由于非球形溃灭所引起的高速液体射流对周围靶材的冲击损伤效应。图 4-18 所示为脉冲激光加热溶液中物质时连续现象的原理图[120]。由图可知，脉宽为几十纳秒的脉冲激光辐照在金属表面时热逐渐扩散(见图 4-18(a))，随后在箔片表面发生自发成核并产生冲击波(见图 4-18(b))。冲击波在溶液中传播(见图 4-18(c))并生成一个半球形的气泡。气泡变得比激光光斑尺寸更大，但随后由于溶液的冷却而溃灭(见图 4-18(d)、(e))。此时，空泡在固壁面附近溃灭会产生具有较强破坏效果的射流冲击力。随后还有空泡在最后馈灭阶段对外辐射声脉冲的过程(见图 4-18(f))。图 4-18 所示的过程历时几百微秒。在 ns 时间范围是等离子体扩张的冲击波效应；在 μs～ms 时间范围是空蚀机制，这个空泡脉动过程在固壁附近辐射射流力和声脉冲。

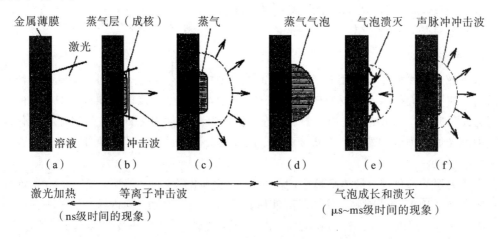

图 4-18　脉冲激光加热溶液中物质时连续现象的原理图

空泡在溃灭阶段对外辐射的高压声脉冲是源于空泡内部强烈收缩的结果[125]。当激光直接聚焦于靶材表面上时，无论能量如何变化，其 γ 均小于 1。因此射流产生时刻早于空泡收缩到最小体积时所辐射声脉冲冲击波的时刻。而且，在整个能量变化范围内溃灭时刻和射流产生时刻均随激光入射能量的增大而增加。

3. 高能短脉冲准分子激光电化学过程中的力学效应分析

高能量短脉冲激光与靶相互作用主要表现为热效应和力效应。关于激光作用液体环境中靶材的热效应和力效应的研究很少，而且人们对力效应的认识不如对热效应的认识深入。液体环境中的激光加工除了涉及激光与固态物质的相互作用，还涉及激光与液态物质的相互作用，这两种作用引起的力效应直接影响着激光加工的质量和效率。20 世纪 70 年代以来，激光与液态物质相互作用的研究得到了较大的发展，但还未得到广泛的应用。

当靶材周围存在液体介质时，液体的不可压缩性将限制激光等离子体的对外膨胀，从而引起等离子体冲击波对靶材反冲压力的增大。除此之外，高能短脉冲激光加工溶液中物质时，当加热壁面温度快速升高时，就会不断有新的气泡胚核涌现，当空泡在固体壁面附近溃灭时，空泡表面的压力梯度会形成指向靶材的高速液体射流。这就是溶液中激光加工时特有的空化现象。国外的许多学者对激光泡进行了广泛而深入的研究，并取得了较大进展。本节根据陈笑和徐荣青等测试的激光作用水下铝靶时所产生的等离子体冲击波、等离子体空泡溃灭诱导的射流力、空泡辐射的声脉冲冲击波等物理现象，推算准分子激光作用溶液中靶材时靶所受的力效应，从而更深入地探讨准分子激光电化学刻蚀的工艺机理。

激光作用溶液中物质的力效应主要有以下几个方面：

(1) 当一束高功率脉冲激光作用于靶材时，物质首先通过逆韧致辐射吸收机制吸收大量入射能量，进而引起靶表面温升、熔融、汽化及产生高温高压等离子体。激光等离子体在对外喷溅过程中对靶材产生反冲烧蚀压力。当靶材周围存在液体介质时，液体的不可压缩性将限制激光等离子体的对外膨胀，从而引起等离子体对靶材反冲压力的增大。Fabbro[124]曾指出在水介质约束条件下，相同入射激光功率密度所引起的反冲压力幅值约为空气中的四倍。因此，溶液中增强的激光烧蚀力是溶液下激光加工力学效应的重要因素之一。

(2) 在激光与物质相互作用的过程中，等离子体对入射激光能量的吸收和散射将直接造成耦合于靶材的能量相应减少，这就是激光等离子体的屏蔽效应。等离子体的屏蔽效果主要取决于它的空间尺寸、密度、起始时间和持续时间。和空气中相比，溶液下等离子体的空间尺寸由于周围液体的不可压缩性而大幅度减小。陈笑等[126]采用单模光纤作为探针来接收激光等离子体闪光信号，结果如图 4－19 所示，由图可知，水中激光等离子体闪光信号的强度和持续时间（半高宽）分别为空气中的 7.4％和 20.7％，并且水中等离子体出现时间比空气中滞后 8 ns。由此可见，溶液下激光等离子体无论是强度还是寿命均小于空气中的情形。因此，溶液中激光等离子体对入射激光能量的屏蔽效果较空气中弱，即有更多能量直接作用于靶材表面，这也是造成溶液下激光刻蚀力学效应提高的原因之一。

(3) 空化是溶液中激光与物质相互作用的特有现象。目前，两种特征效应被认为是造成周围靶材损伤的主要机制[127]：① 空泡在最后馈灭阶段对外辐射的声脉冲冲击效应；② 空泡由于非球形溃灭所引起的高速液体射流对周围靶材的冲击损伤效应。当空泡在固体壁面附近溃灭时，泡表面的压力梯度会形成指向靶材的高速液体射流，该射流对材料具有很大的破坏作用。在水层阻滞的情况下，由陈笑[126]的测试结果可知，烧蚀力和射流冲击力在同一个量级；在不同条件下，烧蚀力和射流冲击力的大小有所变化。该液体射流对靶材的冲击力通常可达到与材料屈服强度或布氏硬度相比拟的量级。因此，空化空蚀机制是溶液下激光加工过程中力学效应的又一重要因素。

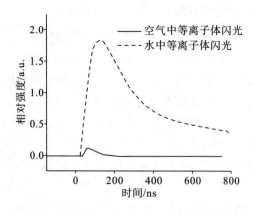

图 4-19　水和空气中激光等离子闪光信号[126]

下面分析溶液中准分子激光刻蚀材料所产生的激光烧蚀力、液体射流对靶材的冲击力及空泡辐射的声脉冲冲击力。

Fabbro[124] 在 O'Keefe、Yang 和 Anderholm 等[128]的研究基础上提出了激光等离子体在不同约束（如水、玻璃、金属等）条件下的运动模型，并且给出了入射激光功率密度与激光烧蚀压强的解析表达式：

$$P = 0.01 \left(\frac{\alpha}{2\alpha + 3} \right)^{0.5} Z^{0.5} (a_A I_0)^{0.5} \tag{4-23}$$

其中：P 为激光等离子体烧蚀压强（单位为 GPa）；I_0 为激光功率密度（单位为 GW/cm^2）；a_A 为靶材对激光的吸收比，$a_A \approx 0.42$；α 为激光等离子体内能转化为热能的比例系数，此处 $\alpha \approx 0.1$；Z 为约束媒质（Z_1）和靶材（Z_2）的折合阻抗，$2/Z = 1/Z_1 + 1/Z_2$。

考虑到本实验的靶材为硅片，约束媒质电化学溶液与纯净水近似，因此计算得折合阻抗为 3.07×10^5 g/(cm² · s)。从而可求得激光能量密度为 1.84 GW/cm²，溶液中准分子激光加工时的激光烧蚀压强为 0.861 GPa。

在同一入射激光功率密度的情况下，根据溶液中激光加工的力学效应与激光能量的关系（见图 4-20），可得出液体射流对靶材的冲击力为 0.873 N，折算压强为 0.445 GPa。表4-1所示为各物理参数值及根据式（4-23）计算出的压强值。

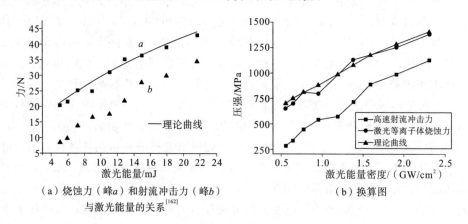

（a）烧蚀力（峰a）和射流冲击力（峰b）
与激光能量的关系[162]

（b）换算图

图 4-20　溶液中激光加工的力学效应与激光能量的关系图

由表4-1可见，溶液中准分子激光刻蚀材料所产生的激光烧蚀力为861 MPa；空泡在溃灭阶段后期所产生的高速液体射流冲击力为445 MPa。这一结果与Lesser、Field[129]（1983）和Lush[130]（1983）测得的射流压强值450 MPa在同一数量级上。该激光烧蚀力和射流冲击压强超过了大多数金属的布氏硬度，如铝或铝合金的布氏硬度值介于78.4～343 MPa，锌或钙介于294～411.6 MPa，等等。

表4-1 各物理参数值及根据式(4-23)计算出的压强值

激光能量/mJ	聚焦光斑半径/μm	能量转化系数 α	折合阻抗/(g/(cm^2·s))	等离子体烧蚀压强/GPa	液体射流冲击力/GPa
200	25	0.1	3.07×10^5	0.861	0.445

当激光直接聚焦于靶材表面上时，其 γ 均小于1，空泡脉动过程中，射流产生后在空泡收缩到最小体积时还会辐射声脉冲冲击波。由徐荣青[131]采用水听器在靶材附近所探测到的冲击波典型信号（见图4-21）可知，空泡在最后馈灭阶段对外辐射的声脉冲与溶液中激光等离子冲击波的幅值相当，据此可以估计本试验溶液下准分子激光加工过程中空泡在最后馈灭阶段对外辐射的声脉冲约为几百兆帕。这个数值也在Vogel等[132]和Jones、Edwards[133]测得的空泡周围存在边界面时声压幅值为1 GPa的范围之内。

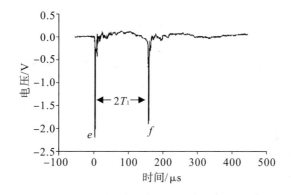

图4-21 水听器探测到冲击波典型信号[131]

由陈笑等[124]的研究结果可知，高速液体射流对周围靶材的冲击效应是空化空蚀的主要机制之一，而射流冲击效果又与无量纲数 γ 密切相关。当无量纲参数 γ 介于0.67和0.96之间时，空化空蚀机制以空泡溃灭产生的高速液体射流对靶材的冲击效应为主；而当 $\gamma>0.96$ 或 $\gamma<0.67$ 时，射流冲击力强度减弱，空蚀损伤机制则以空泡溃灭后期对外辐射的冲击波为主。这两种作用机制在空化过程中存在着此消彼长、相互竞争的关系。本节溶液中准分子激光加工的空蚀机制就遵循这个规律。

由此可见，溶液中大大增强的激光烧蚀力、空泡溃灭所产生的高速液体射流对靶材的冲击作用及空泡在最后馈灭阶段对外辐射的声脉冲冲击力是造成溶液下激光刻蚀力效应的主要机制。

以上分析表明，溶液的增压作用、空泡溃灭产生的射流冲击力及空泡对外辐射的声脉冲冲击力是溶液中脉冲激光刻蚀作用中特有的重要现象。这些力效应在激光电化学刻蚀过程中起到很重要的作用。为了探寻这些力效应对脆性材料的刻蚀作用，下面针对溶液中准分子激光加工时的力效应对脆性材料硅的刻蚀作用进行分析。

4. 力效应对脆性材料刻蚀作用的分析

1）冲击力对脆性材料的去除机理

液体中高能量短脉冲激光加工时力学效应对材料的蚀除主要是局部冲击作用。王超群等[134]提出在超声加工工艺中，冲击力冲击工件在方式和效果上都类似于压痕硬度实验中压头作用在脆性材料上。超声波加工中材料的去除是靠极小磨料局部、瞬时的撞击作用。因此，本文也采用这种类似方法来分析溶液中激光加工的力学效应对脆性材料硅的去除。

分析材料的去除机理时，首先要分析脆性材料在载荷作用下的断裂机理[135]。对某一固定的硬脆材料，存在一个临界载荷 F_c，F_c 决定着材料的变形方式。当作用于材料表面的压力值 F 超过材料临界压力载荷 F_c 时，压力正下方的材料将会产生一个中央裂纹。载荷增加时，中央裂纹也随之增长。当压力载荷达到临界压力载荷之后卸载，中央裂纹开始闭合，但不愈合，仍会出现裂纹。进一步卸载压力载荷，由于接触区弹塑性应力不匹配，会产生一个拉应力叠加在应力场中，产生系列向侧边扩展的横向裂纹。最后，侧向裂纹继续扩展，压力将使脆性材料在其表面、侧面和中央部位同时产生径向裂纹、侧面裂纹和中央裂纹。当侧面裂纹扩展至工件表面或两相邻压痕的侧面裂纹相遇时，就会产生碎片，材料被去除掉。下面根据上述原理建立溶液中高能脉冲激光加工时力效应对脆性材料的去除率模型[136]。

2）去除率模型的建立

（1）裂纹尺寸的计算。

当 $F \geqslant F_c$ 时，会产生裂纹（见图 4 - 22），定义径向裂纹和侧面裂纹的长度分别为 C_r 和 C_l，则

$$C_r = \xi_1 \cdot \sqrt{F} \cdot \sqrt[4]{H} \cdot \sqrt[3]{K_{IC}} \tag{4 - 24}$$

$$C_l = \xi_2 (F/K_{IC})^{3/4} \tag{4 - 25}$$

定义侧面裂纹的深度为 C_h，则

$$C_h = \xi_3 (F/H)^{1/2} \tag{4 - 26}$$

其中：ξ_1、ξ_2、ξ_3 为比例系数；F 为所加载荷，即溶液中的冲击力；K_{IC} 为材料的断裂韧性；H 为材料的维氏硬度。

溶液中激光加工的力学效应是冲击载荷，为正确反映材料在冲击载荷作用下的动态断裂特性，用动态断裂韧性来研究动态裂纹起始规律。而 Clifton 等的试验表明，脆性材料的动态断裂韧性大约为静态断裂韧性的 30%，有时甚至更低。

（2）材料去除率的计算。

当侧面裂纹扩展至工件表面或两相邻的侧面裂纹相遇时，就会产生碎片，从而将材料去除。假设被去除的材料是一个半径为 C_l、高度为 C_h 的圆柱体形状，则单个冲击力在一次撞击工件中所去除掉的材料体积为

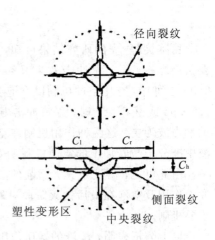

图 4 - 22　压力下产生的裂纹尺寸

$$V = \pi C_l^2 \cdot C_h \qquad (4-27)$$

将式(4-25)、式(4-26)代入式(4-27)，得

$$V = \xi \frac{F^2}{(K_{IC})^{3/2} \cdot H^{1/2}} \qquad (4-28)$$

其中，$\xi = \pi \xi_2^2 \cdot \xi_3$，为一比例系数。

定义单位时间内去除掉的材料体积为材料去除率 M_V，则有

$$M_V = f \cdot V = f\xi \frac{F^2}{(K_{IC})^{3/2} \cdot H^{1/2}} \qquad (4-29)$$

由式(4-29)可见，溶液中高能脉冲激光加工中脆性材料去除率 M_V 与冲击频率 f、冲击力 F 有关。

5. 水中准分子激光刻蚀硅工艺的实验

为了探讨约束介质液体作用条件下准分子激光刻蚀过程中的力学效应对刻蚀速率的影响，同时验证所建冲击力对脆性材料去除率模型的正确性，进行了水溶液中准分子激光刻蚀脆性材料单晶硅的两组刻蚀速率对比实验研究。

实验条件 1：掩模孔径为 46 mil(1.17 mm)，脉冲能量为 200 mJ，脉冲频率为 2 Hz，脉冲数分别为 100、200、300、400、500、600。

实验条件 2：掩模孔径为 46 mil(1.17 mm)，脉冲能量为 200 mJ，脉冲数为 600，脉冲频率分别为 1 Hz、2 Hz、4 Hz、6 Hz、10 Hz、20 Hz。

每组实验分别在水中和空气中进行。水中刻蚀时，样片表面覆盖厚 3 mm 的蒸馏水。实验所用激光器为准分子激光器系统。实验材料为 n-Si，晶向为 ⟨100⟩，厚度为 430 μm；实验前后用丙酮溶液清洗试件表面；样片清洗、烘干后固定在三维工作台上的浅槽容器中，激光通过聚焦照射到样片表面；整个实验在室温下进行。实验结束后，采用表面轮廓测试仪测量刻蚀深度。

图 4-23 中(a)、(b)分别为在不同脉冲数、不同脉冲频率条件下刻蚀速率的实验结果。从图中对比可知，相对空气中准分子激光刻蚀，水中激光刻蚀硅片有较好的刻蚀特性。在不同脉冲数、脉冲频率条件下，水溶液中准分子激光刻蚀速率比准分子直接刻蚀速率大得多。一般情况下，水溶液与硅材料不发生化学反应，可以认为在准分子激光水溶液下刻蚀硅工艺中不包含电化学刻蚀的成分。因此，在水下激光加工中，除了准分子激光直接刻蚀之外，有且仅有液体中冲击激光加工的力学效应对脆性材料的去除。由上述液体约束媒质中激光加工的力效应分析可知，激光作用水中物质时，存在溶液的增压作用、空泡溃灭产生射流冲击和辐射的声脉冲冲击波，这些力达到几百兆帕，使激光脉冲对材料的刻蚀作用增强。因此，实验结果说明溶液中激光加工的力效应在对脆性材料的刻蚀中起到重要作用。

根据上述计算的溶液中激光加工的力效应和冲击力对脆性材料的去除率的数学模型，可求得本实验条件下力学效应对材料的刻蚀率，如图 4-23 所示。由图可知，在不同脉冲数、脉冲频率条件下，比较激光直接刻蚀加上溶液中激光加工时力效应对脆性材料的去除率之和与水中激光刻蚀的结果可知：它们的基本趋势能较好地吻合。因此，该计算去除率的数学模型是可信的。

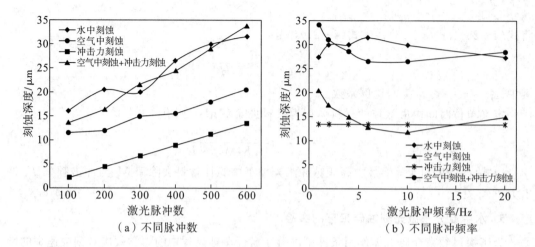

图 4-23　水溶液中刻蚀硅的速率对比

　　水中刻蚀速率比激光直刻的速率快得多的事实证明：溶液中激光加工的力学效应对脆性材料有较好的刻蚀去除作用。

4.3.3　小结

　　高能短脉冲准分子激光与物质的相互作用机理主要是热力效应。本节阐述了在激光与材料相互作用的动力学过程中激光与物质相互作用的热力效应的基本原理，从而针对激光电化学刻蚀工艺中激光作用溶液中物质的热力效应进行了研究。

　　根据短脉冲激光加热溶液中物质时爆发沸腾复杂现象的特点，提出了以导热过程为主导机制来进行准分子激光加热溶液中物质传热分析的简化处理方法；同时，求解了高能短脉冲准分子激光电化学微加工过程中硅材料的表面温度场分布。

　　短脉冲激光作用溶液中物质时，激光与物质相互作用的力效应的理论模型为约束模型。针对约束介质为溶液时，还对空化这一特有现象进行了介绍。激光作用溶液中材料时产生的力效应主要由约束模型的冲击波效应和空蚀机制来决定，并采用这些理论模型对准分子激光电化学微加工工艺过程中的力学效应进行了理论分析。

　　在力效应对脆性材料的刻蚀作用方面，探讨了溶液中高能短脉冲激光的力效应对脆性材料的去除机理，在此基础上，建立了脆性材料去除率的数学模型。水中激光刻蚀的实验证明，水溶液中的刻蚀作用大大加强；同时将冲击力的刻蚀率加激光直刻刻蚀率之和与水中激光加工的刻蚀率进行比较，结果基本吻合，这也证实该数学模型是可信的。

　　热力学效应的研究结果表明：短脉冲准分子激光由于脉冲短，瞬间快速升温降温，且存在溶液的冷却作用，激光的热效应较小；然而高能短脉冲激光作用溶液中物质的力效应显著，力效应可大大加强对脆性材料的刻蚀作用。

4.4　水射流激光加工的热应力分析

　　随着智能化发展的日趋成熟和新能源，特别是太阳能光伏产业的崛起，硅材料作为相关行业不可或缺的材料，其加工需求日益扩大。随着产品小型化，对硅片的加工精度要求日益提高。硅材料难加工，加工易产生缺陷且对缺陷敏感。因此获得高的加工精度同时降低加工损伤变得日益重要。

激光加工具有精度高、无机械冲击的优点。传统的激光加工利用高能激光束照射工件，使材料在极短的时间内发生相变去除材料。加工过程中为了减少热量累积，提高加工质量，多采用一些辅助的方式降低其损伤，相关研究较多[137, 138]。但是材料发生相变时不可避免地在切槽壁面形成重铸层，在工件表面出现熔渣颗粒，甚至在切口表面堆积形成火山口形貌[139]。激光加热过程还会影响材料内部裂纹的发展[140]。

为了达到在去除材料同时尽可能地降低热效应，液体辅助激光加工工艺已被用于减少工程材料（如硅和其他热敏感材料）的热影响区[141]。在激光加工过程中，供给溶液，如水的方式有几种：水下激光、水雾，水射流引导激光，水射流辅助激光，激光水射流混合烧蚀、溢流和薄水膜。在这些方法中，水射流辅助激光加工采用高压射流冲击受热软化的材料实现去除[142]，可以预期这种方法比相变方法具有更低的热效应。

为了更深入地理解激光、水射流和工件之间的相互作用，需要对溶液辅助激光加工过程进行模拟，并使工艺过程实现它的潜力。在溶液辅助激光加工的模拟方面，主要有 Li 等构建的水引导激光划切硅片的二维温度场模型，该模型考虑了材料的融化，分析了不同扫描速度下的切削深度与切槽壁面，其中提到需要考虑水束的冲击作用[143]。Tangwarodomnukun 分析了水射流激光复合加工的温度场，考虑了水射流对软化材料的冲击去除[142]，并且根据 Elison Webb 的射流冷却受热平板模型[144]，得到了水射流冷却效果与压力的关系，指出射流高压冲击下的传热系数可达到 $MW/m^2 \cdot K$ 数量级。

激光加热时，高温区域的热应力表现为压应力，深入材料内部，压力数值减小，随着材料冷却，压应力降低[145]。

由于激光加工过程中材料被去除，会在工件上生成凹形切槽，一旦切槽出现，激光辐照在工件上的投影将不再是二维平面，将辐照到切槽表面。已有的模型[142,145]没有考虑加工过程中因为材料去除造成激光和对流换热边界的变化，没有进行溶液环境下激光加工过程中的热应力分析。本节建立了一个数学模型来预测激光水射流微加工硅的过程中的温度场和热应力，提出了一种水射流激光刻蚀硅的模型，它能在实际加工界面上动态加载激光能量和对流换热系数，并在新的方法中详细记录热过程。本节记录了材料去除过程中所形成的切槽表面的位置，然后在新形成的切槽表面上加载激光；此外，由于材料去除过程中切槽的变化，切槽内水流的冷却区域也在发生着变动，根据不同时刻切槽表面的位置数据激活新形成切槽表面附近的冷却节点来实现切槽内部运动的冷却边界条件。切槽形成的过程模拟完成后，将温度和切槽数据导入力学模型即可获得切槽周围的热应力。有限元建模技术被用来研究在空气和水中激光加工过程中的温度和应力分布，从而深入理解低热损伤的激光水射流微加工的机理。

4.4.1　模型参照

图 4-24 所示为水射流辅助激光加工示意图。激光采用的是固体激光器，参数见表 4-2。工件材质为硅，厚度为 $700~\mu m$，模型选取的宽度为 $50~\mu m$。

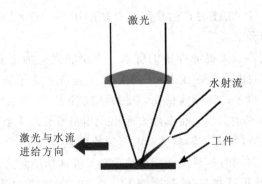

图 4-24 水射流辅助激光加工示意图

表 4-2 激光热源和水射流相关参数[142]

热源参数	数　值
激光波长/nm	1064
输出能量/mJ	0.6/0.8
脉冲频率/kHz	20
脉宽/ns	50
水压/MPa	20
冲击角/deg	40
焦点直径/μm	20

工件水平安放在工作台上，光斑直径为 20 μm，水射流以 40°的角度冲击软化区域。图 4-25 所示为激光光斑能量密度分布图。材料去除过程中，激光光源移动加载到切槽凹面上循环加热。

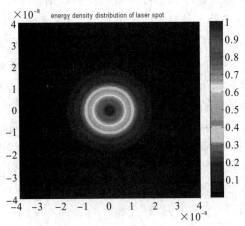

图 4-25 激光光斑能量密度分布图

4.4.2　模型构建方法

以硅片作为研究对象，首先构建加工过程的温度场模型。水射流辅助激光加工过程中的热学现象包括对流、冷却和辐射。图 4-26 所示为传导冷却热分析模型，用热传导节点构建模型的框架来模拟激光热效应在材料内的传导，黑色节点的作用是冷却，白色节点的作用是导热。加工过程中有水流的冷却效应，并且随着切槽的改变，冷却位置随时间改变。为了避免复杂运动的对流边界条件的加载，在材料中设置"休眠"的对流单元，即当切槽未在某一区域形成前，该区域的对流单元不起作用，处于"休眠"状态，当切槽逐渐加深，材料被去除后，去除部位被液体填满而存在对流冷却效应，此时该区域的对流单元被激活，产生冷却作用。

图 4-26　传导冷却热分析模型

随着材料的去除，激光辐照在材料切槽内部的加载位置是变化的，激光总是先加载在新鲜的凹面上。

$$q(x,y,t) = \frac{E_\mathrm{L}(1-R_\mathrm{F})A_\mathrm{b}\mathrm{e}^{(-A_\mathrm{b}y_\mathrm{t})}}{\tau\rho A_\mathrm{L}}\mathrm{e}^{\frac{-8(x_\mathrm{t})^2}{d_\mathrm{L}^2}}\ ,\ t\leqslant\tau \tag{4-30}$$

式（4-30）表示选用的固体激光器输出能量的空间分布情况，其中：E_L 为激光输出能量；R_F 为材料对激光的反射率；A_b 为硅片对激光的吸收系数；τ 为脉宽；d_L 为激光的焦点半径。相关参数见表 4-2 及图 4-27。

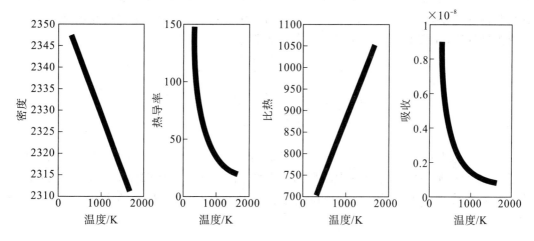

图 4-27　材料特性（$T<T_\mathrm{M}$）

$$\frac{C_\mathrm{P}\partial T(x,y,t)}{\partial t} = \frac{k}{\rho}\left(\frac{\partial^2 T}{\partial^2 x}+\frac{\partial^2 T}{\partial^2 y}\right)+q(x,y,t) \tag{4-31}$$

式（4-31）表示激光加载时的温度分布，其中：C_P 为材料的比热；k 为材料的热导率；ρ 为材料的密度；T 为材料的温度。相关参数见表 4-3 及图 4-27。

表 4-3　材料及水流相关参数[142]

特　性	数　值
硅的密度/（kg/m³）	$2.580\times10^3 - 0.171(T-T_\mathrm{M})$ $-1.61\times10^{-4}(T-T_\mathrm{M})2\ ;\ T>T_\mathrm{M}$
比热/（J/kg·K）	$2.432/\rho\ ;\ T>T_\mathrm{M}$
热导率/（W/mK）	$9900/(T-99)\ ;\ T>T_\mathrm{M}$

特　性	数　值
反射率	$0.367+4.29\times10^{-5}T+2.691\times10^{-15}T^4$；$T<3019$ 0.72；$T>3019$
硅的吸收/(1/m)	2792.79；$T<T_M$ 8.6×10^7；$T>T_M$
熔点/K	1687
融化潜热/J	1.79×10^6
汽化潜热/J	1.28×10^7

　　加工过程中水流冷却工件时，冷却区域不包括工件表面，当材料被去除形成切槽后，水流进入切槽内部进行冷却。随着加工的进行，切槽的形状时刻改变，冷却区域也在随着切槽的改变而变化，对流作为冷却边界条件是运动的。

$$k\frac{\partial T}{\partial n}=-h(T-T_S) \tag{4-32}$$

式(4-32)表示水流的冷却作用，h 为冷却系数[144]。

　　式(4-33)、式(4-34)和式(4-35)作为不同温度下材料的去除准则，τ_w 为水流冲击的剪切力；τ_S 为不同温度下硅材料的剪应力；p_w 为水流的冲击力；θ_w 为水流的冲击角度；H_s 为材料的焓值；L_m 为硅的融化潜热；L_v 为硅的汽化潜热；$\tau_S<\tau_w$ 作为水射流辅助激光加工中材料的准则，传统激光加工中材料的去除准则为式(4-35)。

$$\tau_W=p_w\sqrt{\frac{\cos^4\theta_w}{4}+\sin^2\theta_w\cos^2\theta_w} \tag{4-33}$$

$$\tau_S=4\times10^6+7.296\times10^9\,e^{(-5.929\times10^{-3}T)} \tag{4-34}$$

$$\int C_p dT+L_m\leqslant H_s\leqslant\int C_p dT+L_m+L_v \tag{4-35}$$

　　激光作为热源，在加工过程中同样是运动的，这里的运动速度是未知的，加载的部位也是事先无法预定的，只有当材料去除后，热源才能加载到切槽凹面上。这里依据材料去除的时间判断加载时间，同时根据凹面坐标判断热源加载的位置。如此热源作为另一个运动的边界条件便得到了控制。

　　激光作用过程中，材料在不断减少，反映在模型上是单元数量的减少，即有温度的单元数量是变化的。记录下不同时间单元的温度及相应的位置和切槽的位置，然后导入热应力模型中匹配时间和位置，即可得到不同时间切槽周围的应力。

4.4.3　结果分析

　　本节主要分析了水射流辅助激光加工和空气中激光加工的切槽内某处应力和温度的变化情况。由分析结果可知，材料在去除前的一段时间内温度未升高，同时应力存在，可以推测是周围材料受热，材料的变形作用使温度未升高区域产生应力；随着材料温度的升高，材料受到热应力和周围材料变形产生的应力的复合作用；温度未发生变化时虽然存在应力，材料并未去除，温度升高到一定程度后，材料强度降低才被去除。

　　在水射流辅助激光加工和空气中激光加工过程中，材料内部的温度变化和切槽的发展过程如图 4-28 所示。图 4-28(a)中的分析结果与 Tangwarodomnukun 的分析结果一致，验证了这种建模方法的正确性[142]。在初始阶段，水射流辅助激光加工和空气中激光加工的材料内部都是升温的过程，并未发生材料的去除过程，在材料温度满足各自去除的条件后才发生材料的去除现象。由于水射流辅助加工材料去除时的温度低，所以相对较快地发生了材料去除现象。普通激光加工需要达到相对较高的温度，需要花费大量的时间来加热材料，单位时间内去除的材料就少，所以普通激光加工形成的切槽更浅。除此之外，还有其他因素引起普通激光加工的切槽浅和温度高，下面会补充说明。

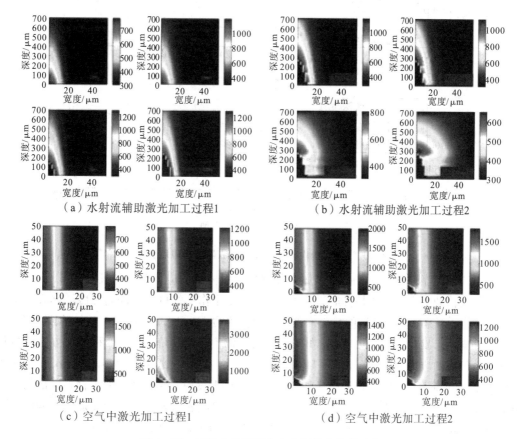

（a）水射流辅助激光加工过程1　　　　　　（b）水射流辅助激光加工过程2

（c）空气中激光加工过程1　　　　　　（d）空气中激光加工过程2

图 4-28　材料内的温度分布和切槽的发展过程

由于去除机理不同，材料在水射流辅助激光加工下，在较低的温度时即被去除。如前所述，不论是水射流辅助激光加工还是空气中激光刻蚀，刚开始并未发生材料的去除现象，只有加热到一定的程度材料才被去除。通过图 4-29 发现空气中刻蚀时材料被去除前温度会急剧升高，这是由于材料未发生熔化时热吸收系数小，当材料发生熔化时热吸收系数急剧升高，能量迅速地加载于熔化的材料区域，造成熔化区域温度迅速升高，由于刚开始发生熔化的区域在材料表面附近，所以该部分材料吸收大量的热量后汽化被去除，而深层材料并未熔化，热量不会急剧地加载到深层区域，只形成了很浅的切槽。与此相对应，因为水射流辅助激光加工中材料温度未达到相变时即被软化去除，热吸收系数未发生大的变化，不会造成温度的急剧升高。

普通激光加工中，发生熔化前材料内部温度的变化趋势与水射流辅助激光加工是一致的。在初始阶段，两种加工方法中材料内部温度的变化有着相同的规律，如图 4-29 所示。这是由于未发生相变时材料的热系数不会骤变，材料内部对能量的吸收不会发生突变，该阶段过后进行干刻，即进入温度快速升高阶段。图中的初始阶段不同深度处普通激光加工温升的温度线重合是由于切槽很浅，仅有 $10\ \mu m$ 左右，所以在初始阶段温度几乎同时增高。

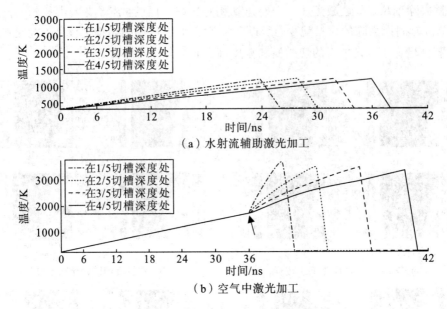

（a）水射流辅助激光加工

（b）空气中激光加工

图 4 - 29　切槽内不同深度材料去除前的温度变化

　　水射流辅助激光加工和普通激光加工过程中材料内部的应力分布情况如图 4 - 30 所示。不论水射流辅助激光加工还是普通激光加工，激光集中作用的材料内部高温区域都表现出明显的压应力，而紧邻高温区域的材料内部呈现出拉应力；通过对比可知，在初始阶段，即两种加工方法均为未发生材料去除现象，材料内部处于温度升高的阶段时，两种加工方法的材料内部有着相似的应力分布情况，都是随着温度的升高，材料内部压应力逐渐增大；当普通激光加工温度升高大于水射流辅助激光加工材料内部的温度时，普通激光加工材料内部的应力数值高于水射流辅助激光加工材料内部的应力值，并且随着水射流辅助激光加工过程中高温部分材料的迅速去除，材料内部的拉应力区域也迅速收缩；与此相反，由于空气中激光加工温升明显且高温区域材料去除有限，材料内部的拉应力区域并未因材料的去除而明显地收缩。高温区域总体呈现出压应力，这是由于局部高温材料受热要膨胀，而高温区域周围的材料温度相对较低，不会发生大的膨胀，因此位置相对固定，由于这个原因，高温区域的材料就受到了低温区域材料的束缚而不能充分膨胀，也就表现为所谓的"受压"。

　　同时两种加工方法的拉应力主要分布在材料内部浅层区域。下面会补充说明引起这种现象的原因。

　　图 4 - 31 所示为被加工材料高温区域从表层到一定深度的应力变化情况。通过观察可以发现，高温区域材料在表层很浅的区域内呈现出拉应力，随着深度的增加，拉应力值降低，当深度进一步加深时，表现为压应力，由于高温区域拉应力出现的区域很浅，在应力云图上并未明显地表示出来，可概括为材料内部的高温区域呈现出压应力，表层呈现拉应力。材料内部表现出压应力的原因上述已分析，这里只针对表层的应力状态作一些说明，延续之前的思路，膨胀的高温材料受到约束后会表现出压应力，伸长量不能释放等效于被

压缩而呈现出压应力，而表层材料受热膨胀在逆着激光照射方向没有周围材料的约束作用，在这个方向上表层的高温材料可以膨胀伸长，所以就表现出了拉应力。可以猜想，在时间足够短的情况下，切槽表面很浅的一层材料内在逆着激光照射方向也存在着一定的膨胀，也会呈现出拉应力。

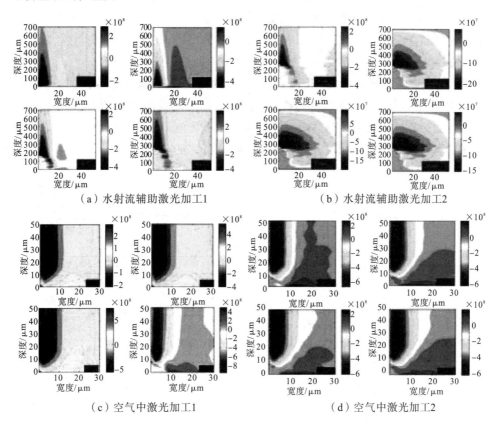

（a）水射流辅助激光加工1　　　　（b）水射流辅助激光加工2

（c）空气中激光加工1　　　　（d）空气中激光加工2

图 4-30　激光加工过程中材料内部的应力分布

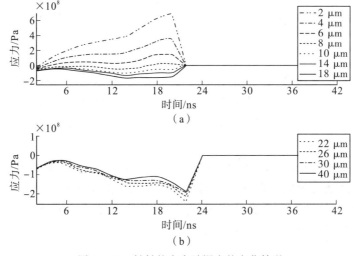

（a）

（b）

图 4-31　材料的应力随深度的变化情况

水射流辅助激光加工时，随着温度升高，材料的强度降低，强度减弱到一定程度后即被水射流剥蚀去除。图 4-32 所示为水射流辅助激光加工中切槽内材料去除前的温度和应力变化情况。图 4-32 中实线是水射流辅助激光加工过程中切槽区域材料在去除以前的温度和应力变化，虚线是相应部位的应力，由于温度和应力在绝对值上相差几个数量级，为了清楚地显示两者的变化情况，这里将温度数值放大到了与应力相同的数量级以便于观察。通过观察温度线可以发现材料在去除前温度是升高的，并且各处材料被去除时温度差别不大。通过观察应力线可以发现材料去除前大体呈现出压应力。

除此之外，观察图像还可发现，虽然高温材料被去除前总体上是受压的，但是切槽内偏离切槽中心线区域的材料在即将要被去除的很短的时间范围内，压应力却突然降低，然后材料才被去除，材料被去除时热应力不一定处于最大值。这种情况在切槽区域内偏离切槽中心线的材料内表现得更明显。下面将具体解释这一现象。

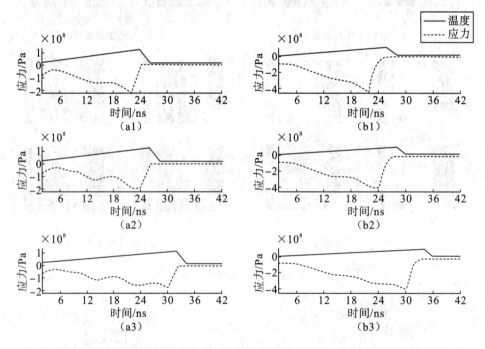

图 4-32　水射流辅助激光加工中切槽内材料去除前的温度和应力变化情况

图 4-33 表示的是偏离切槽中心线的位置 1 处的材料及其周围应力的变化情况。各处材料的相对位置如图 4-33 中右下角的方块区域所示。对应于各区域的应力变化情况分别为应力线 s_1、s_2、s_3、s_4 和 s_5。其中以位置 1 处的应力 s_1 为主体，观察周围各处应力变化对位置 1 处应力 s_1 的影响。

如前所述，切槽内的高温区域有向周围膨胀的趋势，由于周围低温区域材料不易变形，限制了高温区域材料的膨胀运动，高温膨胀区域受到限制后呈现出受压状态。如图 4-33 所示，切槽内材料未去除前处于激光作用下总体呈现出受压的状态。而在切槽内临近区域材料被去除时，压应力出现减小的现象。

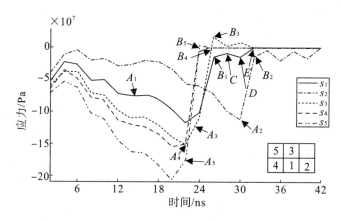

图 4-33 水射流辅助激光加工中偏离切槽轴线区域的材料
在去除前的应力变化与周围材料状态的关系

位置 1 处的材料在去除前的大部分时间内呈现出受压状态，其左侧邻近区域 4、5 距离激光光源中轴线更近，因此温升更高，4、5 区域的膨胀将挤压区域 1。位置 4、5 处左侧的材料未被去除时，位置 4、5 受到左侧更高温区域的膨胀挤压，总体表现出应力线 s_4 和 s_5 的 A_4 和 A_5 点以前的受压状态，一旦 4、5 左侧高温材料去除形成切槽，压应力立马出现减小的现象，表现为压力线的 A_4B_4 和 A_5B_5 段急速降低，这是由于 4、5 左侧高温区域的去除将不再压缩 4、5 区域，同时 4、5 区域可以向左侧切槽区膨胀释放压力。

当区域 4、5 的压应力降低时，区域 1 受到的压缩也得到了一定程度的缓解，表现为压力线 s_4 和 s_5 的 A_4B_4 和 A_5B_5 段急速降低，区域 1 的压力线 s_1 的 A_1B_1 段出现了部分的压应力减小。而同样处于 4、5 区域右侧的区域 3 与区域 1 一样，压力线 s_3 的 A_3B_3 段出现了部分的压应力减小。

同理可知，当区域 1 左侧的区域 4、5 处的材料被去除时，区域 1 里受 4、5 区域的压缩被解除，同时为区域 1 的膨胀提供了空间，压缩量减小，表现为区域 1 的压力线 s_1 中 B_1 点之后的部分。

区域 1 的 B_1 点之后的应力除了表现为去除前的降低，还表现出波动现象。其原因可以从其右侧区域 2 材料内应力的变化过程进行解释。观察压力线 s_2，因为区域 2 处在区域 1 的右侧，距离激光光束的中轴线更远，需要花费相对更长的时间才能被去除，从应力线 s_2 可以发现其在 A_2 点以前长期处于受压状态，从 B_1 点到 A_2 点这段时间内区域 2 温度一直在升高，膨胀趋势加剧，挤压了区域 1，所以区域 1 的压应力降低的速率骤然减小，表现为 B_1CD 段，当区域 2 膨胀，所受限制也部分被解除，即压力线 s_2 上的 A_2B_2 段出现时，对区域 1 的压缩作用降低，区域 1 所受的压应力又继续减少，表现为压力线 s_1 上的 DE 段，转折处的吻合亦可印证这一解释。区域 3 在 B_3 点左右表现为拉应力，是由于区域 5 的去除为区域 3 的膨胀提供了空间，同时其右侧低温区膨胀程度低且区域 1 处于压应力减小的 B_1CD 段。

空气中激光加工过程中材料内部的应力高于水射流辅助激光加工方法，如图 4-34 所示，材料内部同样深度处普通激光加工过程中产生的热应力更高，并且表现为拉应力，这是由于高温集中区域材料膨胀受到限制，等效于周围区域材料受到高温区域材料的拉伸作用。

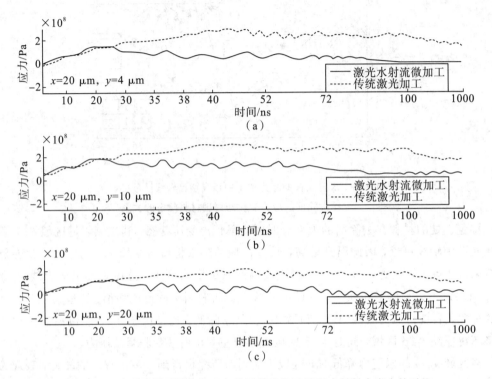

图 4-34　水射流辅助激光加工与普通激光加工过程中材料内应力的对比

4.4.4　小结

仿真结果表明压应力集中分布在材料内部的高温区域，远离切槽中心线区域的材料被去除前压应力快速降低，这不是温度变化引起的。此外，在切槽高温区轴线附近的材料，在去除前材料表层出现了拉应力，随着深度增加，拉应力减小，逐渐表现为材料内部高温区域材料受到压应力。

（1）仿真结果显示水射流辅助激光加工过程中材料的去除温度更低，切槽更深，同时切槽周围区域的温度更低、热应力相对较小。由于局部材料力学性能降低未发生相变时即被水射流剥离，所以水射流辅助加工中材料的去除温度更低；材料在相对较低的温度时就被去除，相当于材料被去除的时间提前，在单位时间内将有更多的材料被去除，同时激光可以更迅速地加载到新鲜的切槽表面。此外，高速运动的水射流及时地清理了切槽内的碎屑也有利于能量的充分利用；由于温度相对较低，切槽周围的热应力明显很小。

（2）切槽中心线附近区域的材料在去除前应力存在两种情况：表层材料在被去除前受到明显的拉应力，随着深度的增加，拉应力降低。表层材料在高温作用下存在拉应力，这里出现的拉应力或许影响切槽口未受辐照区域的材料，从而为实验中出现的切槽开口要大于仿真出来的切槽开口这一现象提供了一个思考方向；表层以外的切槽内中心线附近的材料被去除前材料内部表现为压应力。

（3）切槽内远离切槽中心线区域的材料在去除前总体表现为压应力，但在材料去除前的一段时间内压应力值明显降低，这与周围材料的状态有关。

（4）材料内部未被去除的区域内，水射流辅助激光加工方法产生的温度和应力更低，并且材料内部区域的应力是拉应力。切槽内的液体受到高温材料和激光的作用，其运动和力学效应极其复杂，模型中并未考虑。

第5章　溶液辅助激光加工的分子动力学模拟

5.1　高能量短脉冲激光作用水分子的动力学模拟[145]

为了更好地进行高能量短脉冲激光水下作用铜原子的分子动力学研究，本节采用分子动力学方法研究高能量密度短脉冲激光对水的作用，分析气泡形成的原因，同时分析气泡形核过程中传入系统的热量在系统中的能量转化，研究其原因，为后续模拟提供参考。

5.1.1　模型构建及计算方法

水是地球上最普遍存在的液态物质之一，同时也是我们日常科学研究中用得最多的溶剂、冷却剂、介质之一。水在激光进行水下精密微加工时是一种良好的冷却剂，同时水也会与加工件产生相互影响。因此，研究水分子的微观结构对于生产研究是十分重要的。在实验室中对水下金属进行短脉冲高能量激光加载实验是一项复杂而且耗时的工作。此类实验激光的脉宽是纳秒或者皮秒级，加工半径也是微米级甚至纳米级，这些对于仪器在时间和空间上的精确性要求非常高，因而在很大程度上提高了实验的难度，同时需求昂贵的测试手段。前人在实验或仿真中发现，水在使其急速升温的高热流下发生爆发沸腾，在该区域形成空泡，并产生冲击波[147]。本节采用分子动力学模拟手段对水在短脉冲高能量激光作用条件下的结构及热力学性质进行分析。

水分子对于激光水下加工的影响较大，并且参加很多物理变化和化学变化。但是对于水分子的分子动力学计算，现今还没有开发出一种"完美"的力场模型以获得各种合理的数据。在大量实验资料的基础上，前人开发了一些水分子力场，并广泛用于各种科学研究。

1. 势函数的选取

水的分子力场有许多种，最常见的几种形式包括：中心力力场（CF）、可转移的分子间势能（TIPS）和简单点电荷力场（SPC）。

在高能量密度短脉冲激光作用水分子研究上选择应用 SPC 模型，在 SPC 模型中，水分子为刚性水分子，即其键长与键角不变。此力场作用为范德华作用和库仑力的叠加，其中范德华作用只存在于氧原子之间。水分子中所有原子都带有电荷，分子间或分子内部原子间都伴随着库仑力作用。其相互作用势如下：

$$u(r_i, r_j) = \frac{q_i q_j}{r_{ij}} + 4\varepsilon \left[\left(\frac{\sigma_{ij}}{r_{ij}} \right)^{12} - \left(\frac{\sigma_{ij}}{r_{ij}} \right)^6 \right] \tag{5-1}$$

式（5-1）中，第一部分为库仑项，第二部分为 Lennard-Jones 相。其中：$u(r_i, r_j)$ 为水分子之间相互作用的总势能；r_{ij} 为原子 i 与 j 之间的距离；q_i 和 q_j 分别表示第 i，j 个原子上所带的电荷。ε、σ 为氧原子之间的 Lennard-Jones 作用参数。SPC 水分子的势能参数见表 5-1。

表 5 - 1　SPC 水分子的势能参数

r_{OH}/nm	$\angle HOH/°$	$\dfrac{\varepsilon}{k}$/K	σ/nm	$q_O(\times e)$	$q_H(\times e)$
0.1	109.47	78.182	0.316 56	-0.82	0.41

不同于 Lennard-Jones 作用的短程力，水分子中的库仑力作用是长程力。库仑力作用收敛速度缓慢，截断距离过大。对于库仑力的处理，本文选择了 Particle-Particle Particle-Mesh(PPPM)算法。PPPM 是基于傅里叶函数的 Ewald 求和法的方法[148]，用以在仿真中计算多体势能。这种长程力求解方法适用于多点电荷分子动力学以及气体粒子的静电作用。它是在 Particle Mesh(PM)的基础上提出的，其基本方法是把粒子置于网格之上，由网格得到其势能。从本质上分析，粒子在受力计算时被置于较低的空间分辨率。PPPM 算法试图以计算距离近的粒子的势能总和以及把较远的粒子划分网格来弥补这个误差。

SPC 水分子在运动时，水分子的键长和键角会有小幅度的变化。然而，分子的键长和键角的扰动对于水分子动力学计算的性质影响不大。因此，如果能在计算中将键长与键角维持恒定，则可选用较长的积分步长，增加计算效率。将键长、键角维持定值的分子动力学计算方法是限制计算法中的一种。

限制分子键长的方法即在势能中加入限制项。假设欲限制原子 i 和 j 间的键长 r_{ij} 为固定长度 d_{ij}，则势能为

$$U = U^0 + \frac{1}{2}\lambda_{ij}(r_{ij}{}^2 - d_{ij}{}^2) \tag{5-2}$$

其中：U^0 为分子的一般势能项；第二项为键长限制项；λ_{ij} 为拉格朗日乘数，如果 $r_{ij} = d_{ij}$，则此项为零。由牛顿运动定律可知：

$$\vec{F}_i = m_i \ddot{\vec{r}}_i = -\nabla_i U^0 + \lambda_{ij}r_{ij}\,\nabla_i(r_{ij}) = \vec{F}_i{}^0 - \lambda_{ij}r_{ij}\,\nabla_i(r_{ij})$$

$$\vec{F}_j = m_j \ddot{\vec{r}}_j = \vec{F}_j{}^0 - \lambda_{ij}r_{ij}\,\nabla_i(r_{ij}) \tag{5-3}$$

其中，$\vec{F}^0$ 为缺少限制项时原子所受的力。

将式(5-3)积分，依照 Velert 方法可得

$$\vec{r}_i(r+\delta t) = \vec{r}_i(t) + \vec{v}_i(t - \frac{1}{2}\delta t)\delta t + \frac{\vec{F}_i{}^0}{m_i}\delta t^2 - \frac{1}{m_i}\lambda_{ij}r_{ij}(t)\,\nabla_i(r_{ij}(t))$$

$$\vec{r}_i(t+\delta t) = \vec{r}_i{}^0(t+\delta t) + \frac{1}{m_i}\lambda_{ij}r_{ij}(t)\,\nabla_i(r_{ij}(t)) \tag{5-4}$$

其中，$\vec{r}_i{}^0(t+\delta t)$ 为缺少限制项时该粒子的位置。

同理可得

$$\vec{r}_j(t+\delta t) = \vec{r}_j{}^0(t+\delta t) - \frac{1}{m_j}\lambda_{ij}r_{ij}(t)\,\nabla_j(r_{ij}(t)) \tag{5-5}$$

依照键长限制条件，原子 i 与 j 间的键长应为 d_{ij}。

$$r_{ij}(t+\delta t)^2 = d_{ij}{}^2 \tag{5-6}$$

将式(5-5)代入式(5-6)，得

$$\vec{r}_{ij}(t+\delta t) \cdot \vec{r}_{ij}(t+\delta t) = (\vec{r}_i(t+\delta t) - \vec{r}_j(t+\delta t)) \cdot (\vec{r}_i(t+\delta t) - \vec{r}_j(t+\delta t)) = d_{ij}{}^2$$

$$\vec{r}_i(t+\delta t) - \vec{r}_j(t+\delta t) = \vec{r}_{ij}^0(t+\delta t) - \lambda_{ij} r_{ij}(t) \left(\frac{\nabla_i r_{ij}(t)}{m_i} - \frac{\nabla_j r_{ij}(t)}{m_j} \right) \delta t^2$$

$$(5-7)$$

利用梯度关系式 $\nabla_i r_{ij}(t) = \dfrac{\vec{r}_{ij}(t)}{r_{ij}(t)}$，$\nabla_j r_{ij}(t) = \dfrac{\vec{r}_{ij}(t)}{r_{ij}(t)}$ 可知

$$\vec{r}_{ij}(t+\delta t) = \vec{r}_{ij}^0(t+\delta t) - \lambda_{ij} \left(\frac{1}{m_i} + \frac{1}{m_j} \right) \vec{r}_{ij}(t) \delta t^2 \tag{5-8}$$

将式(5-8)代入式(5-7)，得

$$\vec{r}_{ij}^0(t+\delta t)^2 - 2\lambda_{ij} \left(\frac{1}{m_i} + \frac{1}{m_j} \right) \delta t^2 \vec{r}_{ij}^0(t+\delta t) \cdot \vec{r}_{ij}(t) + O(\delta t^4) = d_{ij}{}^2 \tag{5-9}$$

其中，$O(\delta t^4)$ 为 δt 的 4 次方项，由于 δt 非常小，此项忽略不计。

整理式(5-9)可得

$$\lambda_{ij} \left(\frac{1}{m_i} + \frac{1}{m_j} \right) \vec{r}_{ij}^0(t+\delta t) \cdot \vec{r}_{ij}(t) = \frac{\vec{r}_{ij}^0(t+\delta t)^2 - d_{ij}{}^2}{2\delta t^2} \tag{5-10}$$

解式(5-10)可得出 λ_{ij}。将 λ_{ij} 代入式(5-8)可得到 $t+\delta t$ 时原子 i 与 j 的位置。

非线性水分子的限制项为

$$\frac{1}{2}\lambda_{12}(r_{12}{}^2 - d_{12}{}^2) + \frac{1}{2}\lambda_{23}(r_{23}{}^2 - d_{23}{}^2) + \frac{1}{2}\lambda_{13}(r_{13}{}^2 - d_{13}{}^2) \tag{5-11}$$

其中，r_{12}、r_{23}、r_{13} 分别为 3 个原子各自的键长。

由式(5-8)可得

$$\begin{cases} \vec{r}_1(t+\delta t) = \vec{r}_1^0(t+\delta t) - \left(\lambda_{12} \dfrac{\vec{r}_{12}(t)}{m_1} + \lambda_{13} \dfrac{\vec{r}_{13}(t)}{m_1} \right) \delta t^2 \\[2mm] \vec{r}_2(t+\delta t) = \vec{r}_2^0(t+\delta t) + \left(\lambda_{12} \dfrac{\vec{r}_{12}(t)}{m_2} - \lambda_{23} \dfrac{\vec{r}_{23}(t)}{m_2} \right) \delta t^2 \\[2mm] \vec{r}_3(t+\delta t) = \vec{r}_3^0(t+\delta t) + \left(\lambda_{13} \dfrac{\vec{r}_{12}(t)}{m_3} + \lambda_{23} \dfrac{\vec{r}_{23}(t)}{m_3} \right) \delta t^2 \end{cases} \tag{5-12}$$

由于 $r_{12}(t+\delta t)^2 = d_{12}{}^2$，$r_{23}(t+\delta t)^2 = d_{23}{}^2$，$r_{13}(t+\delta t)^2 = d_{13}{}^2$，将式(5-12)代入后得矩阵：

$$\begin{bmatrix} \left(\dfrac{1}{m_1}+\dfrac{1}{m_2}\right)\vec{r}_{12}^0(t+\delta t)\cdot\vec{r}_{12}(t) & \dfrac{1}{m_1}\vec{r}_{12}^0(r+\delta t)\cdot\vec{r}_{23}(t) & \dfrac{1}{m_1}\vec{r}_{12}^0(r+\delta t)\cdot\vec{r}_{13}(t) \\[3mm] \dfrac{1}{m_2}\vec{r}_{23}^0(r+\delta t)\cdot\vec{r}_{12}(t) & \left(\dfrac{1}{m_2}+\dfrac{1}{m_3}\right)\vec{r}_{23}^0(t+\delta t)\cdot\vec{r}_{23}(t) & \dfrac{1}{m_2}\vec{r}_{23}^0(r+\delta t)\cdot\vec{r}_{13}(t) \\[3mm] \dfrac{1}{m_3}\vec{r}_{13}^0(r+\delta t)\cdot\vec{r}_{12}(t) & \dfrac{1}{m_3}\vec{r}_{13}^0(r+\delta t)\cdot\vec{r}_{23}(t) & \left(\dfrac{1}{m_1}+\dfrac{1}{m_3}\right)\vec{r}_{13}^0(t+\delta t)\cdot\vec{r}_{13}(t) \end{bmatrix} \begin{bmatrix} \lambda_{12} \\[2mm] \lambda_{23} \\[2mm] \lambda_{13} \end{bmatrix}$$

$$= \begin{bmatrix} \dfrac{\vec{r}_{12}^0(t+\delta t) - d_{12}{}^2}{2\delta t^2} \\[3mm] \dfrac{\vec{r}_{23}^0(t+\delta t) - d_{23}{}^2}{2\delta t^2} \\[3mm] \dfrac{\vec{r}_{13}^0(t+\delta t) - d_{13}{}^2}{2\delta t^2} \end{bmatrix} \tag{5-13}$$

解出 λ_{12}、λ_{23}、λ_{13}。由式(5-12)可求出各原子 $t+\delta t$ 时刻的位置。

如果系统中的限制条件过多,则求解反矩阵需要花费很多的时间,利用迭代计算法可节省时间。本文使用的迭代计算法为 SHAKE 方法,此方法将矩阵(5-13)中第一个矩阵的所有非对角线元素忽略,由此可求出 λ_{12}、λ_{23}、λ_{13},并得出 $\vec{r}_1(t+\delta t)$、$\vec{r}_2(t+\delta t)$、$\vec{r}_3(t+\delta t)$。之后,检查根据新得到的原子位置所求出的键长是否满足 $r_{12}^2=d_{12}^2$,$r_{23}^2=d_{23}^2$,$r_{13}^2=d_{13}^2$。如果不满足上述关系,则将 $\vec{r}_1(t+\delta t)$、$\vec{r}_2(t+\delta t)$ 和 $\vec{r}_3(t+\delta t)$ 作为新的 $\vec{r}_1^0(t+\delta t)$、$\vec{r}_2^0(t+\delta t)$、$\vec{r}_3^0(t+\delta t)$ 再代入前矩阵进行计算。一般经过 7~10 次左右的迭代计算,系统能找到适当的原子位置。此方法的优点在于简化了矩阵的求解,节省了计算时间。最先应用 SHAKE 方法的为 Velert 算法和 Velert 蛙跳算法。

2. 牛顿运动方程积分方法

在高能量密度短脉冲激光作用水分子动力学模拟中常采用 Velert 蛙跳算法,其公式为

$$\vec{v}_i\left(t+\frac{1}{2}\delta t\right)=\vec{v}_i\left(t-\frac{1}{2}\delta t\right)+\vec{a}_i(t)\delta t$$

$$\vec{r}_i(r+\delta t)=\vec{r}_i(t)+\vec{v}_i\left(t+\frac{1}{2}\delta t\right)\delta t$$

(5-14)

其中:r 为水分子系统中各原子的位置;v 为系统中各原子的速度;a 为系统中各原子的加速度(由受力与质量求得);δt 为计算时间的积分步长。

3. 边界条件的确定

本节模拟的水分子总数为 2000 个,即整个系统的原子数量为 6000。盒子大小为 3.910 73 nm×3.910 73 nm×3.910 73 nm。边界条件设置为三个方向周期性边界条件以防止原子的丢失及控制模拟盒子的大小,势能截断采用球形截断法,其截断距离为 0.9 nm。

4. 平衡态分子模拟

为了使高能量密度短脉冲激光作用水分子动力学模拟顺利进行,在能量载入之前必须进行平衡状态的模拟,以观察水分子模型结构是否稳定。本节通过 NPT 系综模拟得到水分子系统的初始平衡状态。

水分子系统的初始温度设置为 298 K,初始压力为 1 atm。其中温度控制采用了 Nose-Hoover[149] 温度控制技术,压力控制技术采用了 Parrinllo-Rahman[150] 方法。其基本方法为通过改变盒子的大小来控制其压力。

平衡阶段的模拟时间步长为 0.01 fs。在经过 0.1 ps 后,将系统视作平衡状态。

5. 非平衡态分子模拟

在系统达到稳定状态后,进行非平衡模拟。在非平衡模拟阶段,在设定加载区域添加一个 1 ns 的脉冲能量(由密集的小脉冲能量构成),其能量密度为 1 kcal/mol,加入能量的方式为对系统加入一个非平移动能,以保证总动量。在非平衡态模拟过程中记录其温度、压力、能量等参数变化。能量加载区域为位于盒子上表面中心、边长为 1 nm 的立方区域。在非平衡模拟开始后撤销 Nose-Hoover 温度控制,只保留 Parrinllo-Rahman 压力控制,即 NPH 系综。因此,系统的大小可以随着压力的变化而自由膨胀或者收缩。

5.1.2 模拟结果及分析

1. 热力学分析

在进行仿真计算后，采用 VMD 软件实现水分子的可视化。图 5-1 所示为脉冲能量加载区域水分子随时间变化的位置图。从图 5-1 中可以看出，随着时间的前进，该区域内的分子数量急剧减少。由于对水分子系统非平衡模拟阶段施加了压力控制，同时又有高能量进入加载区域，该区域的分子逐渐运动到其他区域，使得加载区域形成空泡，从而产生冲击波。陈笑等[126]提出如果在水下金属表面加工时这种脉冲式的冲击波碰撞到金属表面会加剧金属表面的蚀除，并且产生反向的冲击回波，减弱下个脉冲产生的冲击波。

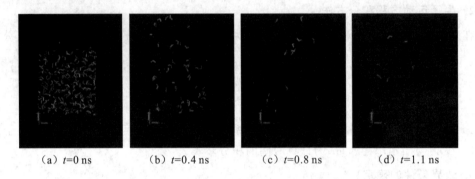

（a）$t=0\,ns$ （b）$t=0.4\,ns$ （c）$t=0.8\,ns$ （d）$t=1.1\,ns$

图 5-1　脉冲能量加载区域水分子随时间变化的位置图

系统由动能和势能两部分组成。原子的势能是原子位置的函数，而原子的动能则根据原子的运动速度求出。粒子的运动速度是通过求解关于粒子的牛顿力学方程获得的。由于系统在较小的时间内能载入较高能量，系统的温度及能量发生一系列变化。仿真获得的温度及能量的变化曲线如图 5-2 和图 5-3 所示。

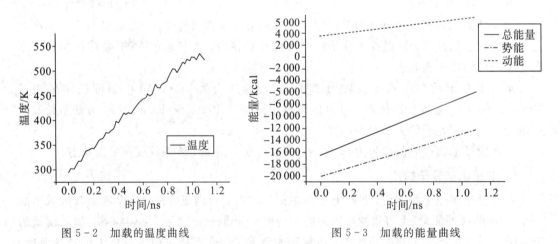

图 5-2　加载的温度曲线　　　　　图 5-3　加载的能量曲线

图 5-2 和图 5-3 反映了水分子体系在给定的能量密度下 1 ns 内的温度及非平衡模拟过程体系中水分子总能量、势能和动能随时间的变化过程。如图 5-2 所示，在 1 kcal/mol 的能量密度下，1 ns 的能量加载会使水分子的温升率达到 2×10^{11} K/s，在这样高的温升率下，水分子会在短时间内汽化，甚至产生离子化。如图 5-3 所示，约有 25.5% 的能量转变

为系统的动能,用于增加系统的温度。其余的能量转变为系统的势能,而分子的势能增大使受热区域分子间距增大,转换后形成气泡的潜热。这部分能量是无法用来提升系统温度的。

2. 水分子结构分析

径向分布函数反映出液体中分子的区域密度,可以解释为系统的"区域密度",由此可以了解液体的具体形态和状态。通过水分子的径向分布函数图可以分析高能短脉冲能量下水的微观结构特征。所以,对水分子径向分布函数的分析尤为重要。

图 5-4、图 5-5、图 5-6 分别为水分子加载能量前后 O—O、O—H、H—H 的径向分布函数。在能量加载之前,O—O 径向分布函数的峰值分别出现在 0.275 nm 和 0.446 nm。然而在能量加载之后,O—O 径向分布函数的峰值分别出现在 0.293 nm 和 0.455 nm,且峰值都有所降低。这表明温度迅速升高,分子热运动加快,水分子的有序程度逐渐减弱。而从 O—H 径向分布函数图可以得出第一和第二峰峰值降低,峰位稍微右移,而峰谷却略微提高。这与 Bruni F[151] 等得到的中子衍射实验结

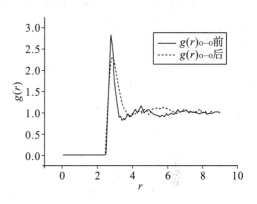

图 5-4　加载能量前后 $g(r)_{O-O}$ 对比

果一致。这是由于水分子系统温度迅速升高,O—H 间距增加,水分子间的氢键作用减弱,分子极性降低。

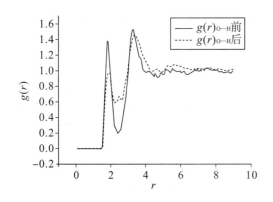

图 5-5　加载能量前后 $g(r)_{O-H}$ 对比

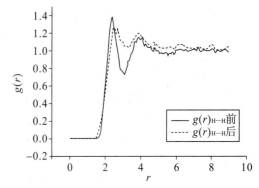

图 5-6　加载能量前后 $g(r)_{H-H}$ 对比

5.1.3　小结

本节采用分子动力学方法对高能量密度短脉冲激光加载下的超临界水分子的热力学结构进行了模拟分析。模拟结果表明:系统温度迅速升高后,在加载区域产生空泡。其中,只有 25.5% 的能量用于提高水分子系统的动能,其余的能量都用于增大水分子系统的势能。伴随着温度的升高,水分子热运动加快,有序程度逐渐减弱,O—H 间距增加,水分子间的氢键作用减弱,分子极性降低。

本节采用分子动力学研究短脉冲高能量激光对水分子的作用,对水下激光微加工有一

定指导作用。分子动力学模拟方法能较方便地分析物质微观领域的变化，能部分取代实验研究手段，有一定的实用性。

5.2　高能量短脉冲激光作用铜原子的动力学模拟

铜是人类发现最早的金属之一，也是人类使用最广泛的金属之一。铜和其合金具有较好的耐腐蚀性，其金属光泽优且方便加工，成为流通较早的金属货币。早在史前时代，人们就开始开采铜矿，并使用获取的铜制造相应的生活用品及武器。铜在地壳中的含量约为0.01%。铜的相对原子质量为63.546，理论熔点为1083.4 ± 0.2 ℃，沸点为2567 ℃，热导率为400 W/m·K，延展性、导热性和导电性能良好[152]。

铜作为地壳中含量较高的一种有色金属，被人们广泛地应用于各个工业领域，其消费量在中国有色金属材料中排行第二。铜在电气、电子工业中用量较大，超过总消费量的一半以上，例如制造各种电缆和导线、变压器和散热片、开关以及电路板。在机械和运输车辆制造产业中用于锁具、轴承、模具、阀门和电机等的制造。在化学工业中广泛应用于制造蒸馏锅、硫酸铜、防腐蚀过滤器等。在国防工业中用以大量制造子弹、炮弹、飞机零件等，每生产100万发子弹，约需用铜4～5吨。在建筑工业中，用于房屋装修、管道、厨房用品等。在医学领域中，很多制药工具都用铜制造，许多医疗器械广泛使用锌白铜。同时，科学家也发现铜有抗癌功能。现今，英国研究人员又发现，铜元素有强效的杀菌作用。

现今，电子制造业进入了纳米时代，铜作为电子制造业不可或缺的原材料，其微观性质需要被精确描述。激光加工作为纳米加工的主要手段之一，被应用于电子制造业和汽车制造业。因此，激光作用铜原子的研究尤为重要。

本节采用分子动力学手段进行了高能短脉冲激光能量在真空中作用铜原子层的研究，获得加载能量区域的温度变化、其周边的温度变化及系统总能量、动能、势能的变化。

5.2.1　模型构建及计算方法

从20世纪50年代至今，人们一直在开展对于液态体系原子之间相互作用势的描述工作。受制于计算机硬件及液态原子之间相互势发展的缓慢，现如今没有一种势能模型能无差别地描述铜等金属熔化时的液态原子相互势。

分子动力学模拟发展至今，对于常见金属的模拟多采用FS(Finnis-Sinclair)势能模型[153]和EAM(Embedded Atom Method)势能模型[154]。本节将利用分子动力学，采用EAM势能模型来研究高能量短脉冲激光作用铜原子。

1. 势能模型

EAM势能模型是在20世纪80年代由Daw和Baskes首次提出的。与此同时，Finnis和Sinclair根据密度函数提出了FS势能模型，并详细阐述了依据实验数据模拟FS势的方法，其形式与EAM势相近。

EAM势是一种多体势，其总势能为原子间对势与嵌入能之和，它们的函数形式都是参考实际数据获得的。

Johnson根据Bakes等的EAM模型得出了电子密度的函数表达式，更新了EAM势能函数，该函数的解析表达式也是通过拟合实验数据获得的。

EAM 势能模型的总能量如式(5-15)所示：

$$E_i = F_a\left(\sum_{j\neq i}\rho_\beta(r_{ij})\right) + \frac{1}{2}\sum_{j\neq i}\phi_{\alpha\beta}(r_{ij}) \tag{5-15}$$

其中：F 为嵌入能，它是原子电子密度的函数；ϕ 为相对势能作用；α 和 β 为原子的类型。式中所有的求和式要求 i、j 都在截断距离之内。

EAM 势能函数中最重要的三个函数——嵌入函数 $F(\rho)$、对势函数 $\phi(r)$ 和原子电子密度分布函数 $\rho(r)$ 的确定方法如下：

$$F(\rho) = -F_0\left[1 - n\ln\left(\frac{\rho}{\rho_0}\right)\right]\left(\frac{\rho}{\rho_0}\right)^n \tag{5-16}$$

而势函数和电子密度函数则根据不同的金属采用不同的函数形式。对于 fcc 和 hcp 的金属，

$$\phi(r) = \phi_e\exp\left[-\gamma\left(\frac{r}{r_e} - 1\right)\right] \tag{5-17}$$

$$\rho(r) = \rho_e\exp\left[-\beta\left(\frac{r}{r_e} - 1\right)\right] \tag{5-18}$$

对于 bcc 金属，

$$\phi(r) = k_3\left(\frac{r}{r_e} - 1\right)^3 + k_2\left(\frac{r}{r_e} - 1\right)^2 + k_1\left(\frac{r}{r_e} - 1\right) - k_0 \tag{5-19}$$

$$\rho(r) = \rho_e\left(\frac{r}{r_e}\right)^\beta \tag{5-20}$$

2. 分子模拟的初始条件及边界条件

本次模拟使用面心立方晶格，晶格参数为 3.61，由于硬件设备及计算效率的原因，本次模拟的盒子大小为 36.1 nm ×36.1 nm×0.361 nm，整个系统包含铜原子 40 000 个。x、y、z 三个方向同为周期性边界条件，以防止原子的丢失及控制模拟盒子的大小，势能截断方法为球形截断法。在 298 K 温度下按照高斯速率分布随机赋予每个原子速率值。

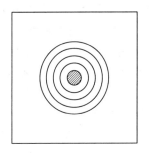

图 5-7　温度统计示意图

系统中的温度统计区域如图 5-7 所示。以加载能量区域为中心，依次扩大 0.5 nm，统计区域内的平均温度发生变化，由此观察能量载入后的温度梯度。由于所模拟系统为一个面心立方晶格铜原子平面，所以此次观察的参数变化皆在 xy 平面内发生。

3. 平衡态分子模拟

为了使高能量密度短脉冲激光作用铜原子动力学模拟顺利进行，在能量载入之前必须进行平衡状态的模拟，以观察铜原子模型结构是否稳定。本文通过 NPT 系综模拟得到铜原子系统的初始平衡状态。

铜原子系统的初始温度为 298 K，初始压力为 1 atm。其中温度控制采用了 Nose-Hoover 温度控制技术，压力控制技术采用了 Parrinllo-Rahman 方法。其基本方法为改变盒子的大小来控制其压力。

平衡阶段的模拟时间步长为 0.01 fs。在经过 0.1 ps 后，将系统视作平衡状态。

4. 非平衡态分子模拟

在系统达到稳定状态后，进行非平衡模拟。在非平衡模拟阶段，在设定加载区域添加一个 1 ns 的脉冲能量（由密集的小脉冲能量构成），其能量密度为 6 kcal/mol，加入能量的方式为对系统加入一个非平移动能，以保证总动量。在非平衡态模拟过程中记录其温度、压力、能量等参数变化。能量加载区域为位于盒子 xy 上表面中心、边长为 1 nm×1 nm×0.361 nm 的区域。在非平衡模拟开始后撤销 Nose-Hoover 温度控制，只保留 Parrinllo-Rahman 压力控制，即 NPH 系综。因此，系统的大小可以随着压力的变化而自由膨胀或者收缩。

5.2.2　模拟结果及分析

1. 热力学分析

本节使用 VMD 软件来实现高能短脉冲激光在真空中作用铜原子形位变化的可视化。图 5-8 所示为铜原子系统在经过高能量密度短脉冲激光加载后随时间分布的形位图。其中，图（a）和（b）分别为平衡模拟前后的系统形位图；图（c）、（d）、（e）、（f）及（g）为非平衡模拟阶段 0.2 ns、0.4 ns、0.6 ns、0.8 ns 及 1 ns 时的系统原子形位图；图（h）、（i）分别为非平衡模拟阶段 0.8 ns、1 ns 时的局部原子形位图，图中可以清晰地观察到原子由于高温所导致的汽化现象。

激光的高能量密度、集中性好等特点使它成为一种非常好的热源。当作用材料的激光功率密度达到一定高度以上时（与材料相关），受热区域温度将达到材料沸点，材料将被汽化。如果作用材料的激光功率密度足够高，使材料的温度达到离化温度，材料的表面将产生等离子体[155]。当激光功率很高时，汽化的材料分子大量喷出，会形成类似火山喷发一样的场景，如图 5-8(i)所示。然而受到重力和空气冷却效果的作用，这些喷射而出的原子会在加工表面形成加工碎屑，集中堆积在加工区域或加工区域附近。这种现象会影响后续加工的质量和效率。

在常温常压下，系统元胞的形状大小会随着温度、压力变化，是以温度、压力为自变量的函数。当发生固液相变时，系统元胞的大小会发生剧烈变化。系统由动能和势能两部分组成。原子的势能是原子位置的函数，而原子的动能则根据原子的运动速度求出。粒子的运动速度是通过求解关于粒子的牛顿力学方程获得的。因此，当温度发生剧烈变化时，原子的平均内能随温度的变化而变化，特别是在发生固液相变时，这种变化尤为剧烈。由于高能量密度短脉冲激光能量进入系统，系统的温度、动能和势能发生剧烈变化。其具体数据如图 5-9 和图 5-10 所示。

由图 5-9 可知，在能量加载进入系统后，系统的温度急剧提高，并按照一定的梯度向外辐射。各区域内的温度波动较大，其原因在于该区域内的原子数量较少，一些原子因为热运动与附近区域产生了原子交换或流失。在能量还未加载时，系统平均温度为 298 K，加载能量区域温度为 299 K，原子排列有序，原子运动速率较小；在加载能量 0.236 ns 后，系统平均温度为 573 K，加载能量区域温度为 1376 K，原子排列有序化减弱，材料开始熔化；在 0.783 ns 时，系统平均温度达到 1397 K，能量载入区域达到 2738 K，超过了铜的沸点，铜原子开始汽化；在一个脉冲加载完成之后，系统平均温度达到 2115 K，能量加载区域温度高达 3622 K，大量铜原子从加载区域喷射而出。在能量加载过程中，激光能量使得能量加载区域的平均温升率达到 3×10^{12} K/s，且熔化后的温升率比熔化前的温升率略高，这是由于铜在固态时载入能量在提高温度的同时还要有效地增大分子间的距离，转化为熔化甚至汽化的潜热。在完成一个脉冲的能量加载后，加载区域及距其边缘 1 nm 内的材料汽化，距离受热边缘 15 nm 以内的材料熔化。在原子未达到熔点之前，温度基本呈线性增长；但在温度达到熔点之后，温度的增长速率增快。

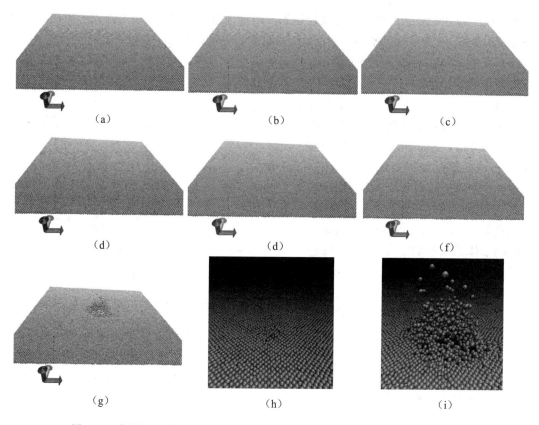

图 5-8　铜原子系统在经过高能量密度短脉冲激光加载后随时间分布的形位图

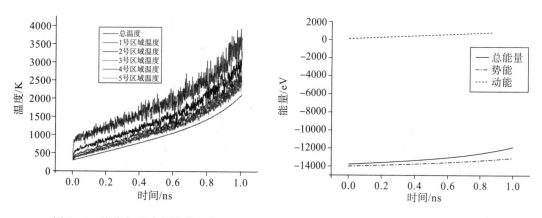

图 5-9　激光加载中的温度变化　　　　　　　图 5-10　激光加载中的能量变化

2. 双体分布函数

双体分布函数 $g(r)$ 又称为双体相关函数(pair correlation),是 $RDF(r)$ 以外的另一种表述原子分布情况的方式。在均匀的各项同性的非晶态结构晶体中,距任意原子 r 处发现另一原子的几率设为 $\rho(r)$,而平均几率为 ρ,则其几率密度分布为一个函数,称为双体分布函数[156]。该函数通常定义为

$$\rho g(r) = N^{-1} \left\langle \sum_{i \neq j} \delta(r + R_i - R_j) \right\rangle \qquad (5-21)$$

其中: $g(r)$ 描述的是某一原子附近其他原子按距离分布的情况,反映了该原子周围出现其他原子的概率; ρ 为系统的平均数密度; R 为原子的位置; N 为原子数。

铜原子系统在被激光能量作用时双体分布函数如图 5-11 所示。

随着温度不断的升高,铜原子系统的双体分布函数发生着相应的变化。随着温度的升高,铜原子系统的双体分布函数 $g(r)$ 的第一峰不断降低,原子晶格距离内的原子越来越少,相邻原子的成键几率逐渐减小;第二峰虽有降低,但幅度较小。同时,温度越高,铜原子系统的双体分布函数 $g(r)$ 的第一峰起点越靠前,而波谷相对靠后。正如双体分布函数体现的一样,铜原子系统的温度升高,Cu 的有序程度逐渐下降,无

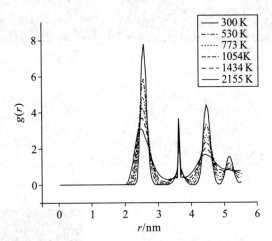

图 5-11　铜原子被激光能量作用时的双体分布函数

序程度不断加强。第三、第四峰逐渐变平缓,接近消失,表现出了非固态结构的基本特征。由于温升率较大,熔化过程中,原子热运动效率急剧,平均动能剧增,原子之间的碰撞几率增高,这是导致系统原子有序度不断降低的原因。同时,势能也因为原子间不断的相对位置变化而产生了相应的变化。

5.2.3　小结

本节采用分子动力学方法、EAM 铜原子势能模型对高能量密度短脉冲激光作用靶材进行了模拟。模拟获得了靶材的温度、能量随时间的变化情况以及双体分布函数随温度的变化情况。

模拟结果表明,高能量密度短脉冲激光对非加工区域的热影响区域较小,在加载区域温度达到熔点时,加载区域的周边区域材料温度均未超过 1000 K。在加载区域内的材料达到汽化温度时,其周边材料温度超过熔点的区域也只有 15 nm 的直径范围;系统的能量随时间改变,在经过熔点后,能量上升较快,其原因是铜原子系统在固态时期吸收能量变为潜热以供熔化后增加原子间距使用;铜原子系统的双体分布函数第一峰大幅度减小,且上升阶段位置提前,第二峰有较小幅度地减弱,第三、四峰趋于平缓,铜原子的有序程度下降,无序度不断增强。

本节在模拟中忽略了空气的冷却效应。在脉冲停止阶段,空气使得汽化和液化的原子

急速冷却，在加载区域附近会形成废料的堆积。废料的堆积会影响后续加工的质量及效率。

5.3　高能量短脉冲激光作用水下铜原子的动力学模拟

高能量密度短脉冲激光作用水下靶材的效果比在空气中进行同种加工的效果更加良好，然而这类超微观问题无论是在实验方面还是模拟仿真方面都处于起步阶段。尤其是在实验方面，实验设备昂贵，实验条件复杂，实验中不确定性多。因此，采用仿真的手段辅助实验研究是必不可缺的。本节采用分子动力学方法进行高能量密度短脉冲激光作用水下铜原子的模拟，主要分析其热力学性质及其相关分布函数。

相关研究表明，除了激光能量直接烧蚀金属加工表面之外，水分子爆发沸腾产生的气泡、激光诱发的冲击波以及空泡化带来的射流冲击作用均会对靶材产生力学效应。高能量密度激光作用靶材时，靶材上的等离子体继续吸收能量，随后高温高压等离子体膨胀运动产生冲击波。图 5 - 12 所示为等离子体冲击波形成的过程。在实际加工过程中，液体的击穿阈值比空气的击穿阈值低，并且液体中存在的杂质也会使液体击穿阈值大幅度下降。

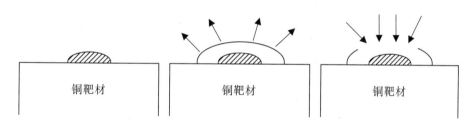

图 5 - 12　等离子体冲击波形成的过程

5.3.1　模型构建及计算方法

本节将在 2 个晶格厚度的 fcc 铜原子壁面上放置 5000 个水分子。模型中的水分子同样使用刚体 SPC 模型来表示。铜原子之间的相互作用为 EAM 势。水分子与固体界面间使用的相互作用势为 Lennard-Jones 势。模型示意图如图 5 - 13 所示。模型大小为 10. 845 nm×10. 845 nm×2. 352 nm，其中铜原子在下层，其模型高度为 0. 682 nm，其余部分为水分子。

1. 水分子模型的构建

在模拟高能量密度短脉冲激光作用水下靶材的模型中，水分子使用刚性 SPC 模型表示。SPC 模型由 Berendsen 等提出。其模型具体参数已在 5.1 节中进行了介绍。本次模拟中，同样使用 SHAKE 迭代计算法求解限制动力学方程。模拟过程中，Lennard-Jones 势函数的截断半径为 0. 9 nm。库仑力长程作用使用 PPPM 方法进行处理。

2. 铜靶材模型的构建

本节使用 5.2 节中的 EAM 模拟来构建铜原子壁面。为了减轻计算负荷，增加计算效率，本次模拟仅建立 2 个晶格厚度的铜原子。边界条件设置为三方向周期性边界条件。

3. 固体材料与水分子之间的相互作用

水分子与固体材料之间的相互势为 Lennard-Jones 势，其表达式为

$$V(r) = 4\varepsilon \left[\left(\frac{\sigma}{r} \right)^{12} - \left(\frac{\sigma}{r} \right)^{6} \right] \qquad (5-22)$$

铜原子的距离参数为 $\sigma_s = 2.6965 \times 10^{-10}$ m。因此，势能函数中的长度参数为 $\sigma = (\sigma_s + \sigma_l)/2 = 2.718 \times 10^{-10}$ nm，其能量参数为 $\varepsilon = 0.05661$ eV。其中，σ_l 为 SPC 水分子的长度参数。

4. 牛顿运动方程积分方法

运动方程采用 Leap-frog 算法来迭代模拟系统中粒子的速度和位置。

5. 边界条件及不同的模拟阶段

在整个模拟系统中，所有方向上的边界条件均为周期性边界条件。整个模拟系统分为两个阶段。第一阶段为平衡模拟阶段，第二阶段为非平衡模拟阶段。

平衡模拟阶段是对水分子系统及铜原子系统进行温度和压力控制，使其达到热力学平衡。在这个阶段中，选择 Nose-Hoover 方法进行温度控制，选择 Parrinello-Pahman 方法进行压力控制。平衡模拟阶段的总步长为 100 000 步。通过平衡模拟阶段，使整个系统的温度按高斯分布的规律分布在 298 K 附近。迭代步长为 1 fs，并对各种参数进行监控，每 10 000 步输出一次。

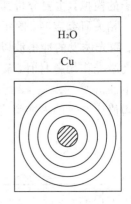

图 5-13　温度统计区域的划分

非平衡模拟阶段时，去除水分子系统的温度控制，并载入激光能量，能量脉冲的脉宽为 1 ns，即 1×10^{7} 步。该能量忽略水分子及铜原子的吸收率及反射率，均匀分布在加载区域。期间对能量、温度等参数进行观察，每 10 000 步输出一次。按照距离激光焦点的距离划分区域进行温度统计，其具体划分方法如图 5-13 所示。首先，把铜原子区域和水分子区域划分为两个部分；然后，在各自的区域内划分 5 个区域统计能量载入对周围区域的温度影响。

5.3.2　模拟结果及分析

本节将对模拟结果进行归纳，得到高能量密度短脉冲激光水下作用铜靶材过程中温度、能量及半径分布函数等物理量。

1. 热力学分析

本节使用 VMD 软件来实现高能量密度短脉冲激光水下作用铜靶材过程中各粒子形位变化的可视化。图 5-14 所示为系统中各粒子经过高能量密度短脉冲激光加载后随时间分布的形位图。

图 5-14（a）、（b）、（c）、（d）、（e）、（f）和（g）分别为激光能量加入系统 0、0.2 ns、0.4 ns、0.6 ns、0.8 ns、0.975 ns、1 ns 时各粒子的形位图。图 5-14（h）、（i）分别为激光能量加入系统 0.975 ns、1 ns 时加载区域附近粒子的近照图。图（j）描述的是激光能量加载入系统 1 ns 时加载区域水分子爆发沸腾产生气泡的情况。由图 5-14 可知，在 0.8 ns 左右，铜原子的有序程度降低的趋势增大，由于模型较小，模型边缘离受热区域较近，在模型建立时残留的边缘缺陷处开始出现熔化；在 0.975 ns 时，激光能量加载区域内出现微孔，有水分子穿过铜原子层；在 1 ns 时，激光能量加载区域内出现圆形孔洞，在孔洞周围

有铜原子堆积。圆形孔洞是在激光能量、水分子爆发沸腾与水分子等离子体冲击波的共同作用下出现的，当铜原子到达熔点并开始融化时，蒸气爆炸、等离子体冲击波对其造成力学影响使其冲出孔洞以免影响后续加工的进行。

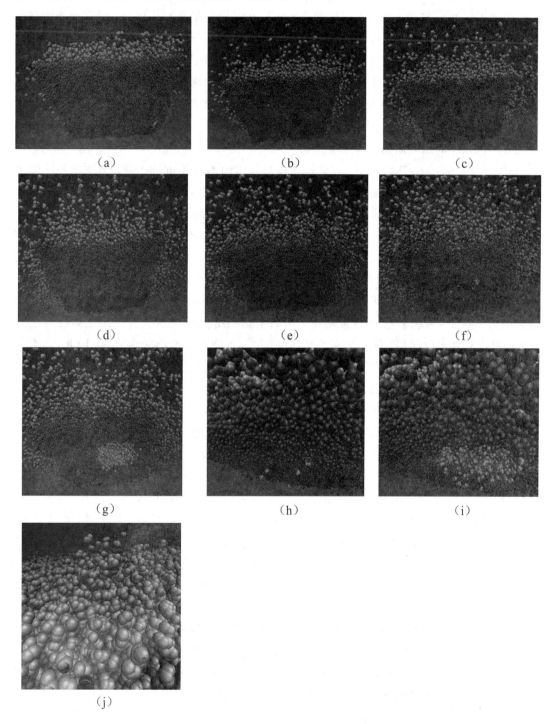

图 5-14　系统中各粒子经过高能量密度短脉冲激光加载后随时间分布的形位图

当足够强度的激光照射在水下靶材表面时，靶材焦点及周围的水介质将吸收部分激光能量，经过汽化和电离击穿后，将在该区域产生高温高压的等离子体，等离子体以高速率向外膨胀，形成等离子体冲击波，该冲击波在经过一段距离之后衰减为声波。当足够强度的激光照射在水下靶材表面时，产生的空泡效应会给靶材带来冲击作用，增强激光的烧蚀力，但也可能对靶材焦点附近表面造成影响。当高功率激光作用于靶材表面的液体中时，如果其能量密度超过液体的击穿阈值，在该区域内将首先造成光学击穿[157]，产生高温高压的等离子体。激光击穿液体物质时也会产生空泡现象，随后会经过一系列复杂的变化，这些变化往往都会伴随着冲击波辐射，最终空泡能量都将被消耗殆尽[158, 159]。同时，高速射流和逆射流将会因为空泡在固体表面溃灭而产生[160, 161]。激光空泡在其生长过程中将不断克服周围液体的压力做功，当空泡生长至最大半径时，其动能将转化为势能。同时，由于内外压强差异，空泡开始收缩。收缩运动将对气泡内的气体进行压缩，当空泡被压缩到最小半径时，由于空泡内部温度和压强的剧烈增加又使空泡向外扩张，扩张又伴随着冲击波信号的辐射。至此，空泡脉动的一个循环结束。在能量加载完毕后，通常空泡会在液体中存在一段时间，经过多个空泡循环，能量逐渐减少，最终空泡溃灭。空泡溃灭的后期，空泡外围表层的液体向空泡中心流入。此时，靶材其他部分液体的速度大于其表面处液体的运动速度，这是由于靶材表面的液体受到了壁面的限制，因而使得垂直于靶材壁面方向上的动量不平衡。由于这种不平衡，空泡在垂直于壁面的方向上呈伸长趋势，最终将产生垂直于壁面的射流，对靶材表面造成冲击。铜原子达到熔点液化后会有一定流体特有的黏度，如果没有外力的作用，很容易在冷却后沉积在加工区域，影响后续加工。因此，与第4章中的仿真对比，水下加工体现了其在连续加工方面的优越性，且水下加工能量密度仅为第4章中所用能量密度的1/2，减小了能量的消耗。

系统各区域温度、能量的变化如图5-15和图5-16所示。其中，图5-15(a)、(c)、(e)、(g)和(i)是系统中铜原子按照图5-13从内到外的温度分布；图5-15(b)、(d)、(f)、(h)和(j)是系统中水分子按照图5-13从内到外的温度分布。由于区域内统计原子过少，曲线波动太大，因此对曲线拟合后进行比较。由图5-15可知，在能量加载区域中的铜原子的温度约为1600 K，但在距加载中心4~5 nm间的铜原子温度约为1250 K。在激光能量加载区域，能量加载0.8 ns后，该区域铜原子达到1356 K，开始熔化。距加载中心3 nm内铜原子的温度高于铜的熔点，高热形成的水分子爆发沸腾激发的压力以及水分子等离子冲击波会对其造成力学效应；同时在图5-14中，测出孔洞的半径为2.8 nm，与温度分布熔点界限距离相近。在激光烧蚀力、等离子冲击波、水射流及水的冷却能力的共同作用下，铜表面出现的孔洞边缘较圆整，无较大变形。孔洞周围的受热影响区域远小于在真空环境下进行的高能量密度短脉冲激光加工。由于水分子爆发沸腾及等离子冲击波的存在，在加工区域内产生的铜原子废屑会被等离子体冲击波的力学作用冲出孔洞，提高了孔洞的连续加工质量。由图5-16可知，在激光能量加载过程中，并非只有动能上升，同时还伴随着势能的上升，这部分能量用以提高分子间距以及相变的潜热。

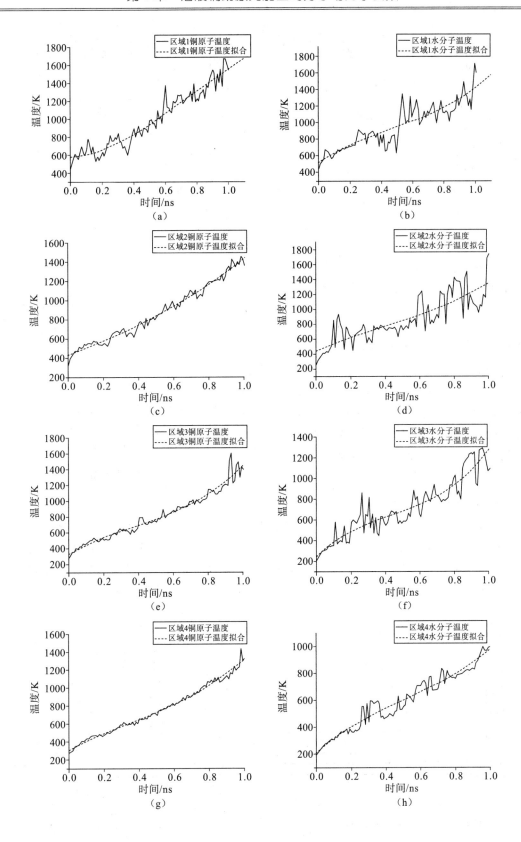

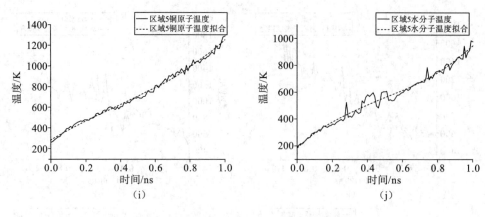

图 5-15　激光加载过程中各区域的温度变化

系统中水分子的温升率超过 10^{13} K/s，具备了产生爆发沸腾的温升率条件（爆发沸腾产生的温升率为 $10^3 \sim 10^7$ K/s，甚至更高）。当固-液界面温差增大时，水分子气泡会出现在固体表面。当气泡的数量到达某定值时，固体表面的小气泡会合成一个较大的气泡。在此极端条件下产生的爆发沸腾，其变化极其剧烈，将会伴随着较高的压力波和蒸气爆炸[162]。爆发沸腾产生的压力波和蒸气爆炸对固壁产生冲击，并清除表面上覆盖的加工废屑。

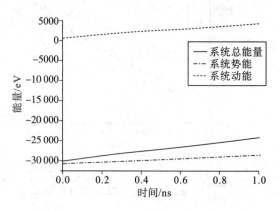

图 5-16　激光加载过程中的系统能量变化

2. 相关分布函数分析

水分子系统的径向分布函数以及铜原子系统的双体分布函数如图 5-17、图 5-18 所示。径向分布函数可以解释为系统的"区域密度"，径向分布函数反映出液体中分子聚集的特性，可借此了解液体的"结构"。而双体分布函数描述的是某一原子附近其他原子按距离分布的情况，反映了该原子周围出现其他原子的概率，与系统的平均密度数 ρ 有关。

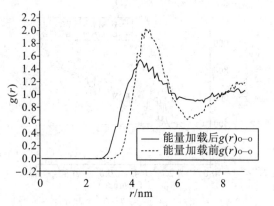

图 5-17　能量加载前后 $g(r)_{\mathrm{O-O}}$ 对比

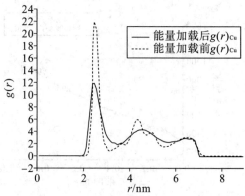

图 5-18　能量加载前后 $g(r)_{\mathrm{Cu}}$ 对比

由图 5-17 可知，激光能量加载后，氧原子的径向分布函数的波峰降低，波谷升高，曲线上升位置提前。水分子在能量载入后无序性激增，分子间距离变化较大，不同于能量加载前分子间隔距离较为集中。由图 5-18 可知，能量加载前，铜原子的排列较规律；能量加载后，其原子排列顺序变化较大，尤其是第一峰、第二峰的高度变低，原子在该距离处，相邻原子大量减少，而铜原子在波谷处的密度相对提高，原子排列相对混乱。

5.3.3 小结

本节采用 SPC 水分子模型结合 EAM 势铜原子模型进行了高能量密度短脉冲激光水下作用铜靶材表面的模拟。模拟获得了系统中各部分的温度、能量、形位以及相关函数变化。

模拟结果表明，由于水分子爆发沸腾引起的蒸气爆炸和水分子等离子体冲击波的作用，高能量密度短脉冲激光只需要 1/2 的能量就可以在水下完成铜靶材孔壁的击穿；由于水是良好的冷却剂，在水下高能量密度短脉冲激光加工的热影响区域小于其在真空中的热影响区；由于水分子的沸点低，其粒子无序化先于铜原子；在加工区域内产生的铜原子废屑会被等离子体冲击波的力学作用冲出孔洞，从而提高孔洞的连续加工质量。

第6章 溶液辅助激光加工的实验研究

6.1 连续激光电化学微加工的实验研究[104]

激光加工适合于大部分材料，具有非接触、灵活和精确等优点。但对于微米、亚微米级刻蚀领域的一些重要应用，由于热效应的存在，激光直刻会造成基底材料的热应力、机械损伤及在加工区材料飞溅物的重新沉积，影响加工质量。对一些热敏性材料，这种情况尤为严重[163]。电化学刻蚀被认为是一种环境友好的刻蚀工艺，该工艺温度较低、对样品特征损伤小、刻蚀速率高、深宽比高。而电化学刻蚀金属中钝化膜使金属阳极溶解过程的超电位升高，阻碍（或延缓）了电化学刻蚀的进行，必须采用有效的措施来破坏（活化）金属钝化膜[164]。鉴于电化学刻蚀和激光刻蚀各自的缺点和优势，人们提出了一种将两者相结合的新型复合工艺——激光电化学刻蚀金属。激光电化学复合加工金属既能克服激光直刻中造成的对基底金属的热应力、机械损伤以及材料在加工区的重新沉积，又能较好地解决横向刻蚀和钝化等问题，提高微结构的深宽比[164]。利用激光进行金属等材料的刻蚀拥有广泛的应用前景。

本节采用波长较长、热效应明显的 808 nm 聚焦半导体激光照射浸于硝酸钠溶液中的不锈钢，进行了无屏蔽单步激光电化学刻蚀金属的实验研究。同时，根据 4.2 节中半导体激光作用溶液中物质时温度场分布的研究结果，更深入地讲解了半导体激光电化学刻蚀金属的实验现象和工艺机理。

6.1.1 半导体激光电化学刻蚀金属的实验研究

本节进行了半导体激光电化学刻蚀不锈钢的工艺实验研究。通过改变外加电压、溶液浓度、扫描速度等因素来研究这些因素对刻蚀速率、刻蚀质量的影响，并根据 4.2 节中激光作用溶液中物质时温度场分布的研究结果，对刻蚀过程中产生的横向刻蚀问题进行了较详细的分析。针对定点刻蚀中较严重的横向刻蚀问题，通过激光扫描的方法来提高刻蚀质量；同时根据温度场分布的仿真研究结果，从刻蚀机理上较深入地分析了刻蚀质量提高的原因。

1. 实验条件与过程

808 nm 半导体激光电化学刻蚀不锈钢装置示意图如图 6-1 所示。激光器最大功率为 25 W。为了达到刻蚀速率较高、刻蚀质量较好的实验效果，必须保证激光长时间照射，且热效应不足以使金属熔融，却能发生明显的激光电化学反应。通过对不同功率激光电化学刻蚀的初步实验，发现激光功率太高时背景刻蚀非常厉害而激光功率太低时刻蚀速率很慢，因此激光功率采用 4.5 W。腐蚀液为 0.5 mol/L、2.5 mol/L、5 mol/L 浓度的 $NaNO_3$ 水溶液。反应池为一个内径 100 mm 的浅槽，作为阳极的样片用聚四氟乙烯螺钉固定于反应池底部中心，阴极为长约 4 cm 的铂丝，沿反应池边缘固定并浸没在溶液中。实验前后用乙醇(分析纯)清洗试件表面。实验过程中,将样片清洗后固定在置于二轴平动工作台上的反应池中,在室温下加入腐蚀液使液面超过样片表面约 4 mm。然后,激光通过显微物镜聚焦照射到样片表面。本节主要探讨激光电化学工艺过程和机理,而溶液的流动尽管能加快电化学反应速度,但是会带来聚焦光斑波动、温度场分布波动等多种扰动因素,因此溶液采用静止状态。实验采用厚度为 200 μm 的不锈钢片,大小为 2.5×1.5 cm^2。所用的固体硝酸钠为分析纯,用去离子水分别配成不同浓度的溶液。实验结束后,采用显微镜观察和分析刻蚀样片表面,利用图像采集系统采集刻蚀的图像。

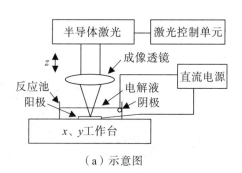
（a）示意图

（b）实物图

图 6 - 1　激光电化学刻蚀装置图

2. 实验结果与讨论

实验中阳极电压和电解液选择的原则是:在室温无激光照射的情况下,调节阳极电压,并保证在不同浓度的电解液中,在 30 min 内电化学对不锈钢无明显腐蚀或者只有很小的统一背景腐蚀。而在不接通电源,只有聚焦激光照射到浸在溶液中的不锈钢样片表面时,虽可观察到有大量气泡产生并不断上浮和听到溶液加热沸腾发出的吱吱声,但 30 min 内样片表面并没有明显的刻蚀。这说明激光对浸于溶液中的不锈钢不存在刻蚀作用。这也证实在本试验条件下半导体激光加热溶液中物质达不到不锈钢的熔点,激光单独作用溶液中金属时不能实现刻蚀去除材料。只有激光和电压同时作用于样片时,激光入射点附近区域才发生剧烈反应,几分钟内可发现明显的样片刻蚀。其中,实验过程中也同样观察到有大量气泡产生并不断上浮和听到溶液加热沸腾发出的吱吱声,这个实验现象表明本实验条件下激光加热溶液中不锈钢产生的沸腾,在本实验的时间尺度上可以与常规沸腾类比。

1) 激光电化学刻蚀孔的实验

图 6 - 2(a)、(b)和(c)分别为采用 5 mol/L 的 NaNO$_3$ 溶液,外加电压 5 V,激光功率为 4.5 W 的激光照射不锈钢 6 min 后,刻蚀孔的正、反面形貌及反面形貌的局部放大图。从图 6 - 2(a)中可看出,在大孔内存在一个小孔,孔直径分别为 687.5 μm、437.5 μm。由 4.2 节定点刻蚀温度场的仿真分析结果可知,808 nm 波长的激光热效应较显著,当激光照射金属材料表面时,光能被吸收后转化为热能使样片和电解液温度升高。由图 4 - 8 可知,激光照射的固-液交界面局域在半径方向约 200 μm 范围内温度处在 100 ℃ 以上,由此可知,小孔是由于较高温度引起较快的电化学刻蚀金属,而大孔是由于长时间的各向同性腐蚀而形成的横向刻蚀。固-液交界面温度高于 100 ℃ 的微区为半径方向 200 μm 范围,这与刻蚀孔中的小孔尺寸相当,这也验证了温度仿真的趋势预测是可信的。正面还存在较严重的点蚀现象,这是由于在溶液浓度高、外加电压大的实验条件下,激光诱导样片表面产生了较强

的电化学反应。从图 6-2(b)中可看出，反面也存在电化学刻蚀，同时还有孔边缘的横向刻蚀。这是由于不锈钢片薄有较好的导热性能，热传导在背面也形成了较高温度，在较大浓度的溶液下引起电化学反应发生。由 4.2 节温度场分布的仿真分析结果(见图 4-9(b))可知，激光光斑中心点正对的背面温度达 100 ℃左右，如此高的温度是导致背面刻蚀的根本原因。背面横向刻蚀的主要原因是，孔背面也形成较大温度梯度，导致电化学的横向刻蚀。孔反面局部放大图(见图 6-2(c))也说明在该条件下不锈钢的光电化学耦合刻蚀过程较剧烈。这是由于激光的热效应显著，激光照射微区加热升温使得刻蚀孔区域发生剧烈的电化学反应。背面刻蚀也证明了 808 nm 激光诱导不锈钢的电化学刻蚀是激光的光热效应加速电化学反应发生，而不是因为激光熔融而实现刻蚀，这点能证明仿真分析所得的最大温升值达不到金属熔点是可信的。

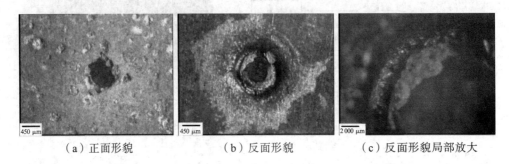

　　　(a) 正面形貌　　　　　　　(b) 反面形貌　　　　　(c) 反面形貌局部放大

图 6-2　激光电化学刻蚀图

　　图 6-3(a)、(b)和(c)分别为采用 2.5 mol/L 的 $NaNO_3$ 溶液，外加电压 5 V，激光功率为 4.5 W 的激光作用不锈钢 20 min 后，刻蚀孔的正、反面形貌及正面形貌的局部放大图。从图 6-3(a)中可以看到有大小两个孔，孔径分别为 1250 μm、250 μm。与图 6-2(a)相比，大孔增大而小孔减小。大孔增大是由于刻蚀时间长而导致横向刻蚀进一步增大；而小孔减小则是由于实验就结束在不锈钢刻蚀穿透后不久，这说明降低溶液浓度使得电化学刻蚀速率减慢，需要 20 min 才将样片刻穿。小孔周边存在较大的横向刻蚀问题，这是因为：溶液浓度降低和反应时间加长，从 4.2 节温度仿真结果图(见图 4-7)可知，激光光斑中心的温度在很短时间(约 0.1 s)内达到一个饱和值，但是激光长时间的作用使得激光光斑中心附近区域的溶液和样片温度都有所上升。这种热扩散的增加引起较长时间的各向同性腐蚀而产生横向刻蚀。同时，溶液浓度的降低使上表面的点蚀问题基本不存在。从其局部放大图(见图 6-3(c))可以看到在其边缘由腐蚀形成的一层层下凹的圆圈。从 4.2 节仿真结果中样片表面沿半径方向温度场图(见图 4-8)可知，光斑作用微区金属和溶液吸收激光的热能，在其邻域形成较大的温度梯度。在样片表面的半径方向 600 μm 处，温度接近室温，从激光中心到径向 600 μm 处温差达 400 ℃，如此大的温度梯度导致该区域内样品上方溶液形成剧烈的热搅拌作用。而且，20 min 的激光作用引起溶液的沸腾导致微孔上方区域的溶液温度上升很多，从而导致剧烈的沸腾现象。溶液的剧烈扰动导致刻蚀孔微区电化学反应速度增大，此时在金属表面形成了由溶解而产生反应产物的较大浓度梯度。上述这些因素导致微孔周边形成波纹式的横向刻蚀。半径 600 μm 范围与刻蚀孔的大孔直径 1250 μm 相当，这也证明了温度仿真的趋势预测是可信的。从图 6-3(b)中可以看出，溶液浓度的降低减缓了化学反应速度，也改善了背面腐蚀的现象。

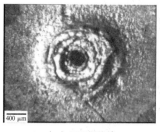
（a）正面形貌

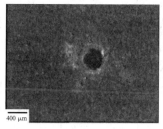
（b）反面形貌

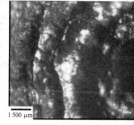
（c）正面形貌局部放大

图 6-3　激光电化学刻蚀图

从激光电化学刻蚀孔的实验结果和机理分析可知，激光电化学刻蚀工艺是一种激光热诱导电化学刻蚀工艺。不锈钢在硝酸钠溶液中的激光电化学刻蚀，是通过样片吸收激光，使照射的微区内形成较大的温度梯度，促进了溶液微扰动和增强了传质过程，从而使光照区内的电化学反应速度加快，同时也导致了定点刻蚀的横向刻蚀十分严重。

2）激光扫描电化学刻蚀图形的实验

由于激光显著的热作用、金属的良好导热性和各向同性，光电化学固定在一点进行刻蚀时，存在较为严重的横向刻蚀。为了降低这种横向刻蚀的影响和提高刻蚀的分辨率，可通过一些方法（如激光扫描）来加以改善。本节通过工作台运动实现激光扫描电化学刻蚀实验。实验中，选定不同的电压、溶液浓度、扫描速度和扫描次数进行刻蚀研究。

图 6-4 所示为激光扫描刻蚀结果的形貌局部放大图。实验条件为：激光功率为 4.5 W，外加电压为 2.5 V，扫描速度为 0.05 m/min，扫描次数为 10 次，其中，图 6-4(a)、(b)中采用的 $NaNO_3$ 溶液浓度分别为 2.5 mol/L、5 mol/L，线宽分别为 62.5 μm、100 μm。从图 6-4(a)可知，相比定点刻蚀图形，对不锈钢扫描刻蚀加工的图形线条边界清晰，背景刻蚀不明显。扫描方法缩小了线宽，周边不存在明显的横向腐蚀，提高了分辨率和刻蚀质量，尽管背面存在热影响导致的颜色改变，但并没引起背面刻蚀。这种方法能使刻蚀线宽与光斑直径接近。相比图 6-4(a)、(b)存在一定的背景刻蚀，且线条边缘存在一些边缘腐蚀。这是由于溶液浓度增加，导致电化学刻蚀增加的结果。图 6-4(a)、(b)中线条上存在的暗红色物质是电化学反应的产物。从 4.2 节激光扫描加热溶液中物质的温度仿真结果（见图 4-13(a)）可知，激光扫描点温度大于 100 ℃的时间约为 1 s，相比定点刻蚀，这大大减少了热作用时间。因此，在溶液浓度和外加电压适宜的条件下，激光光斑连续移动缩短了激光在同一位置的热作用时间，因此，在短时间内，只有激光入射光斑位置存在较高温度，才能诱导发生电化学刻蚀。

（a）样片1的形貌图

（b）样片2的形貌图

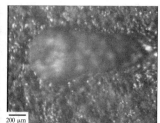
（c）样片3的起始点形貌

图 6-4　激光电化学扫描刻蚀图

另外，变换不同参数进行实验研究时还发现，随着扫描次数的增加，刻蚀深度会增加，线宽也略有增加。这是由于随着扫描次数的增加，热的累积会有所增长；若扫描速度慢，则在深度方向的刻蚀速度加快。这可以从图6-4(c)起始位置形貌中看出，图6-4(c)的实验条件为：$NaNO_3$ 溶液为 5 mol/，外加电压为 5 V，激光功率为 4.5 W，扫描速度为 0.1 m/min，扫描次数为 10 次。图形线宽为 200 μm，且能明显看出刻蚀深度较深。由于电解液的浓度和外加电压的增加，边缘腐蚀也较明显。刻蚀深度比其他部分深，相应的线宽增大。这是因为：在起始位置扫描速度慢，热作用时间相对较长而导致较长时间、较强的电化学刻蚀。

6.1.2　半导体激光电化学微加工不锈钢的机理分析

连续激光在激光与物质的相互机理上主要表现为热效应。激光定点刻蚀仿真中激光加热最大温升不能达到金属熔点，样片表面温度从激光中心沿径向和深度方向都快速衰减，在激光照射微区产生很大的温度梯度。这能很好地解释实验结果，温度梯度实现了选择性刻蚀。激光扫描的仿真温度分布表明，激光扫描和溶液的冷却作用减少了热作用时间，从而缩小了热效应，温度时程曲线呈陡升陡降分布，这实现了脉冲激光的加热效果。相比于定点刻蚀中的温度时程曲线随时间而达到饱和值，激光扫描点的热作用时间大大降低，这能很好地解释实验结果中采用激光扫描方法实现了减少横向刻蚀和提高分辨率的原因。因此，溶液环境中激光加工的温度场分布研究进一步探讨了半导体激光电化学刻蚀金属的机理，解释了实验结果的倾向并证实了激光电化学刻蚀不锈钢是一个激光光热作用诱导电化学溶解的复合过程。

从激光作用溶液中物质的温度仿真结果来看，激光诱导电化学刻蚀金属时，激光的热化学效应起主导作用。激光之所以能诱导电化学刻蚀，是因为：在激光照射区，金属表面的钝化膜吸收激光光子能量而被软化，软化的钝化膜在化学和物理作用下被溶解或剥离，两种过程不断交替重复进行从而实现刻蚀；同时，当激光照射基体-腐蚀液界面时，光能被吸收后转化为热能使腐蚀液温度升高，界面附近的腐蚀液温度很高时，会导致溶液爆发沸腾现象。溶液沸腾产生强烈的微对流，从而把更多的反应离子带到光照区，而反应产物则被带离光照区，使刻蚀反应持续进行下去。这样，光照区和非光照区的刻蚀速率就存在明显的差异，从而实现对金属选择性刻蚀的目的。

由激光作用溶液中物质的热效应分析、刻蚀过程及实验结果可知，808 nm 激光诱导电化学刻蚀金属不锈钢是一个光热效应诱导电化学反应的耦合过程。激光电化学刻蚀不锈钢为光热作用机制。其主要工作机理为：

(1) 激光照射材料表面会引起界面温度上升，使平衡电位正移，从而降低电极反应的活化能，使反应在较理想的电位区间进行，而且激光越强，正移越多。

(2) 界面温度上升，使激光照射附近液层产生剧烈的热扰动，加快了传质速度，从而使电化学反应速度加快[165]。

(3) 激光加热产生的气泡诱导流体运动而带走刻蚀区域的碎屑[166]，这加快了溶液中的刻蚀速率，如图6-5所示。

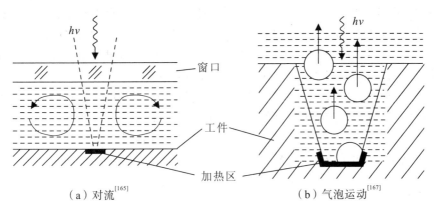

（a）对流[165]　　　　　　　　　　　　　（b）气泡运动[167]

图 6-5　激光诱导流体运动带走刻蚀区域的碎屑

6.1.3　与刻蚀硅材料对比分析

为了研究半导体激光对半导体材料的刻蚀特性，本节进行了半导体连续激光对硅材料的电化学刻蚀实验。半导体激光对硅片几乎没有直接刻蚀，因此，可以增大实验中 KOH 溶液浓度，以增大电化学刻蚀的速率。实验条件为：N 型硅样片，KOH 溶液的浓度为30%，激光能量约为 4.5 W，刻蚀时间为 30 min。其中，实验 1 中，外加电压为 0 V，加工表面为硅片的非抛光面；实验 2 中，外加电压为 2 V，加工表面为硅片的非抛光面；实验 3 中，外加电压为 2 V，加工表面为硅片的抛光面。

实验结果如图 6-6 所示，从图中可以看出，刻蚀孔呈明显的倒锥形，与 KOH 各向异性的刻蚀形貌一致。这是因为，808 nm 波长的半导体激光对硅材料没有直接刻蚀作用，只是通过热效应使聚焦光斑处的溶液温度上升，从而加快了 KOH 对硅的刻蚀速率。刻蚀孔形貌由 KOH 电化学腐蚀的各向异性刻蚀特性决定。这说明如果激光对硅片不产生直接刻蚀，而只是通过热效应加快电化学反应速率，则整个刻蚀工艺并不能从根本上改变 KOH 各向异性的刻蚀特点，因此不具备加工大深宽比微结构的能力。

　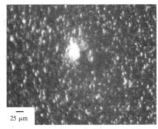　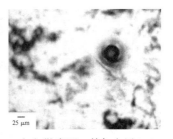

（a）非抛光面，外加电压 0 V　（b）非抛光面，外加电压 2 V　（c）抛光面，外加电压 2 V

图 6-6　激光电化学刻蚀硅的表面形貌

从图 6-6 中还可以看出，当外加电压为 0 V 时，硅片表面也出现了一些刻蚀点；当外加电压为 2 V 时，刻蚀孔周围就没有刻蚀点。这是因为在 KOH 电化学刻蚀工艺中，如果给硅片施加一定的阳极偏压，硅片表面就会产生 SiO_2 钝化膜，由于钝化膜的保护，硅片就避免了被 KOH 刻蚀。

从图 6-6(c) 中可以看出，刻蚀孔处没有明显的刻蚀深度，激光热诱导电化学刻蚀硅工艺不易加工硅片的抛光面。这是因为抛光面对 808 nm 激光反射率很大，导致材料吸收激光的能量很小，激光的热效应也相应减小，对 KOH 化学刻蚀速率的增强作用就减小。而准分子激光的波长短，硅片的抛光面对准分子激光的反射率很小，这样在准分子激光电化学刻蚀硅工艺中，硅片的抛光面同样有较好的刻蚀性能。

半导体激光电化学刻蚀硅的倒锥形形貌进一步说明，半导体激光对溶液中材料加热的温度升高值低于材料的熔点(不锈钢的熔点为 1350 ℃，硅晶体的熔点为 1420 ℃)，激光能量不足以熔化不锈钢和硅材料。因此，在该能量下，半导体激光电化学刻蚀材料是激光光热效应诱导电化学溶解的复合过程。

6.1.4　小结

本节采用波长较长、热效应明显的 808 nm 半导体激光聚焦照射浸于硝酸钠溶液中的不锈钢，实现无屏蔽的单步光电化学刻蚀金属。激光电化学刻蚀工艺是一种激光热诱导电化学刻蚀的工艺。不锈钢在硝酸钠溶液中的激光电化学刻蚀是通过样片吸收激光，使照射的微区内形成较大的温度梯度，促进溶液微区扰动和增强了传质过程，从而使光照区内的电化学反应速度加快，同时也导致了定点刻蚀中横向刻蚀十分严重。

针对定点刻蚀中较严重的横向刻蚀问题，通过激光扫描的方法减小了刻蚀线宽，提高了分辨率。该方法改善了横向刻蚀问题，提高了刻蚀的质量，并得到 62.5 μm 线宽的图形，从而能够获得无屏蔽单步成形不锈钢。

激光作用溶液中物质时定点刻蚀的热效应分析说明了温度梯度实现选择性刻蚀。激光扫描仿真的温度分布分析能很好地解释激光扫描方法减小刻蚀线宽和提高分辨率的原因。因此，根据溶液环境中激光加工温度场分布的研究，更深入地探讨了半导体激光电化学刻蚀金属的工艺机理，解释了实验结果的倾向并证实了激光电化学刻蚀不锈钢是一个激光光热作用诱导电化学溶解的复合过程。

与刻蚀半导体材料硅的对比进一步证实，半导体激光电化学刻蚀材料的机理是激光光热效应诱导电化学反应。

6.2　脉冲激光电化学微加工的实验研究

硅微加工源自集成电路制造技术，是目前微细加工的主要制造技术。它又分为体硅微加工技术和表面硅微加工技术。表面硅微加工方法比体硅加工方法易于控制，但其局限性是只能加工纵深比不大的薄膜型结构，一般多晶硅膜厚至多只有十几微米。另外，采用牺牲层蚀刻，易使多晶硅膜产生内应力，影响最终的机械性能。硅工艺的特点是易于和微电子技术进行系统集成，且工艺较为成熟，但难以得到具有较大深宽比的三微结构。

准分子激光直刻硅工艺具有分辨率高、不需特制掩膜就能实现图形转移等优点，因而在硅微加工领域获得了广泛的应用。但有"冷光源"之称的准分子激光在激光直刻中并不能完全避免热效应。因此，针对某些关键的应用，该工艺产生的热影响区、沉积等问题仍不容忽视。为改善激光直刻会造成基底材料的热应力、机械损伤及加工时飞溅物的重新沉积等质量问题，人们提出了溶液中激光加工工艺。相对普通湿法刻蚀而言，电化学刻蚀工艺环境较好，温度较低，对基片的损伤小，刻蚀速率高[168]。但电化学各向异性刻蚀硅工艺不能获得大深宽比的微结构。鉴于两种工艺各自的特点，有人提出一种将两者相结合的新型复合工艺——激光电化学刻蚀硅工艺。该工艺的基本思想是：激光照射电极后会产生一系列光效应、热效应及其他非线性效应，使光照区内的电化学反应速度加快。最近几年也有不少关于利用激光诱导刻蚀技术对硅等半导体单质进行刻蚀加工的报道。利用激光光电化学工艺进行刻蚀，在 IC 和 MEMS 领域制造三维硅结构（如传感器、执行器）具有较好的应用前景。

前人在激光电化学刻蚀半导体材料的研究中采用的激光功率密度较小。激光在激光电化学工艺中主要起诱导电化学反应的作用，因而主要表现出电化学刻蚀特性，即刻蚀速率较慢、刻蚀深度较小。本节采用功率密度较大的聚焦 248 nm 脉冲准分子激光对 KOH 溶液中 N 型 Si 样片进行微刻蚀。在刻蚀过程中，激光除了诱导光电化学反应之外，同时还直接参与刻蚀材料。由于激光直刻的作用，该工艺在硅微结构的三维加工领域中有较大的应用潜力。同时，根据第 4 章中脉冲激光电化学微加工过程中的热力效应研究结果，更深入地讲解了准分子激光电化学刻蚀硅的实验现象和工艺机理。

6.2.1　准分子激光电化学刻蚀硅工艺的实验研究

本节研究了准分子激光电化学刻蚀硅工艺中激光参数与电化学条件对刻蚀质量的影响，并对激光诱导电化学刻蚀硅的刻蚀速率进行了实验研究。同时，运用 4.3 节中高能量短脉冲准分子激光作用溶液中物质的热力效应的研究结果，对准分子激光电化学刻蚀硅的实验结果进行分析。通过对刻蚀形貌和刻蚀速率的深入分析，较深入地讲解了激光电化学刻蚀硅工艺的实验现象和刻蚀机理。

1. 实验条件与过程

准分子激光电化学刻蚀硅工艺的实验系统主要包含三部分：工艺实验装置、工艺加工材料以及检测设备与仪器。其中，工艺实验装置中又主要包含三个部分：准分子激光器、电化学反应装置和工艺实验光路。下面主要讨论工艺实验装置和电化学反应装置。

准分子激光电化学刻蚀硅的实验装置示意图如图 6-7 所示。主要设备有：Lumonics 公司的 PM-848 型准分子激光器、激光加工系统、电化学反应池、直流稳压电源、电参数检测系统、高倍光学显微镜、计算机图像采集系统和 SLOAN DEKTAK Ⅱ 型表面轮廓测试仪。采用 KrF 准分子激光器，其波长为 248 nm，脉宽为 20 ns，脉冲重复频率最大值为 200 Hz。为克服传统低功率密度的激光电化学微加工中激光仅起到诱导电化学刻蚀的作用而导致刻蚀速率较低的缺点，这里采用能使激光功率密度达到 GW/cm^2 级的脉冲能量，其范围是 150~250 mJ。在此脉冲能量下，通过选择合适的掩模和透镜成像比例来得到一定形状、大小和功率密度的聚焦光斑。此时，激光除了诱导光电化学反应之外，还直接参与材料的刻蚀，并且加工过程中产生的力效应对脆性材料硅也有刻蚀作用。刻蚀材料为 430 μm 厚、〈100〉晶向的 N 型单晶硅片。腐蚀液为不同浓度的 KOH 溶液。

实验前后用丙酮溶液清洗试件表面。实验过程中，将样片清洗后固定在置于三维工作台上的反应池中，在室温下加入腐蚀液使液面超过样片表面约 1 mm。激光通过聚焦后照射到溶液中的样片表面。为了消除腐蚀液的波动对激光聚焦光斑的影响，在实验过程中保持腐蚀液液面静止。实验结束后，利用显微镜观察并分析刻蚀样片表面，利采用图像采集系统采集刻蚀的图像，采用表面轮廓测试仪测量刻蚀深度。

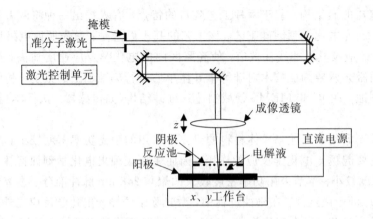

图 6-7　准分子激光电化学刻蚀硅的装置示意图

　　电化学反应池采用"两电极"结构形式。其中，阴极形状为网状结构，置于阳极硅片的上方。硅片作为工作电极（阳极）浸没在装有 KOH 溶液的反应池中，在其和辅助电极（阴极）之间加上电压，激光通过反应池上的透光窗口入射到样片-电解液界面上，经聚焦后照射到阳极表面。外加电压由直流稳压源供给。

　　实验中发现，在加工过程中，由于电解液对 248 nm 激光具有一定的吸收特性，液膜的厚度对加工过程影响较大，一般需要将液膜厚度控制在 1 mm 左右。

　　电化学反应装置采用大小容器相套的结构，大容器由支座和盖子两部分组成，小容器即为反应池。其整体结构实物图如图 6-8 所示。反应池的内径为 30 mm，为实现硅片的电极引线与溶液的绝缘，反应池侧壁上开有一对便于工件固定的样片槽，硅片穿过反应池侧壁的样片槽并用石蜡密封。阴极采用金属丝网固

图 6-8　装置整体结构实物图

定在小槽槽口上方，仔细调整其与工件的相对位置，保证丝网与工件间形成的液膜在 1 mm 左右。然后，再用滴管将溶液移入反应池内。

　　在实验过程中，条形样片穿过反应池上的样片槽固定于反应池上并用石蜡密封。在反应池内与化学溶液接触的部分是被刻蚀的部分，而留在反应池外面的部分用金属夹子与电源正极相连实现欧姆接触，这样能很好地实现脆性材料硅片的引线与电解液分离，避免干扰刻蚀过程。当激光束照射到腐蚀液中的半导体 Si 表面时，大于带隙能的激光光子在表面产生大量的电子-空穴对。样片的正上方固定有网状阴极，这种布局形成了阴极在上、阳极在下的电场，该电场引导激光诱导的空穴向阳极表面运动，有利于加快光电化学反应速度。同时，采用网状阴极是为了使电化学刻蚀过程中的电场分布更加均匀，有利于形成均匀的氧化膜，从而改善刻蚀孔的质量。连接阴极的引线同样不能与化学溶液接触。通过丝网阴极的位置、丝网结构对溶液表面张力的作用较好地控制液膜厚度。

　　在刻蚀过程中，反应池被密闭在镜罩和底座形成的容腔中，以防止化学溶液泄露对准分子激光工作台的腐蚀。除镜罩上的镜片采用石英镜片之外，其他所有零部件的材料均采

用有机玻璃。电化学反应装置的材料采用有机玻璃主要有两个原因：

（1）有机玻璃为透明材料，整个装置透明有
利于实验者观察刻蚀过程。

（2）有机玻璃有耐酸碱的特性，阻止了化学
溶液对反应装置的腐蚀。

罩筒用来连接底座，整体结构安装图如图
6-9 所示。采用对 248 nm 紫外激光吸收很小的
石英镜片作为激光的入射窗口，这样能减少激
光的能量损失，从而有利于保证较好的刻蚀
效果。

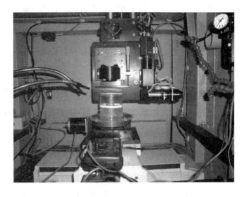

2. 实验结果与讨论

图 6-9　激光电化学装置安装图

准分子激光电化学的刻蚀质量主要从刻蚀
的基本形貌、刻蚀表面的横向影响、刻蚀背面的冲击破坏和溶液飞溅对刻蚀工艺的作用等
方面进行论述：

1）硅刻蚀的基本形貌

准分子激光电化学刻蚀硅的典型表面形貌如图 6-10 所示。该样片的实验条件为：N
型硅样片，孔径掩模为 92 mil(约 2.34 mm)，脉冲能量为 200 mJ，脉冲频率为 20 Hz，外加
电压为 5 V，KOH 溶液的浓度为 20%，脉冲个数取 500、1000、1500、2000、2500、3000 六
种水平。刻蚀前后用丙酮溶液清洗样片。

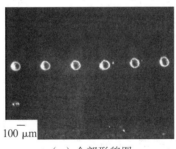
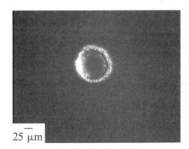

（a）全部形貌图　　　　　　　　　（b）局部放大图

图 6-10　硅样片刻蚀点的表面形貌

从图 6-10 中可以看出，刻蚀孔呈规则的圆形，周围没有材料微粒的沉积，整个刻蚀
表面上，除在刻蚀光斑处有明显的刻蚀深度外，其余地方的硅材料基本上没有被刻蚀。这
是因为，在 KOH 电化学刻蚀工艺中，如果给硅片施加一定的阳极偏压，硅片表面就会产
生 SiO_2 钝化膜，利用钝化膜的保护，硅片就避免了被 KOH 刻蚀。而在刻蚀光斑内，SiO_2
钝化膜会被准分子激光刻蚀掉，重新露出的硅材料又继续加入 KOH 电化学刻蚀反应。这
样，准分子激光的直接刻蚀作用和 KOH 的电化学刻蚀作用都只在激光光斑照射处进行，
而其他地方的硅材料既不受激光的刻蚀，同时也在 SiO_2 钝化膜的保护下免受 KOH 的
刻蚀。

将刻蚀后的硅样片沿刻蚀点直径的位置切开，就可以观察到刻蚀点的截面轮廓形貌，
如图 6-11 所示。从图中可以看出，刻蚀孔截面轮廓的斜度较小。这是因为，在刻蚀工艺

中，KOH 的刻蚀属于各向异性刻蚀，深度方向上⟨100⟩晶面的刻蚀速率远远大于其他方向上晶面的刻蚀速率。更重要的是，在刻蚀过程中会不断地生成 SiO_2 钝化膜，因此，只有在深度方向上的 SiO_2 钝化膜被准分子激光刻蚀掉，重新露出的硅材料继续加入 KOH 的电化学刻蚀反应，而其他方向上的硅材料一直在 SiO_2 钝化膜的保护之下。这样，整个刻蚀过程都只沿着深度方向发展。

　　另一方面，在激光电化学刻蚀工艺中，KOH 对硅的电化学刻蚀速率要比准分子激光对硅的刻蚀速率小得多。而且 KOH 对硅的刻蚀过程又被不断生成的 SiO_2 钝化膜所阻止，因此，准分子激光的刻蚀作用在整个刻蚀过程中起到主要作用。刻蚀孔的截面形状应由准分子激光的刻蚀特性来决定。从图 6-11 中可以看出，刻蚀孔的截面轮廓形状类似于高斯曲线，这正是由准分子激光光强呈高斯分布引起的。

　　由上述的分析可知，准分子激光与溶液的耦合作用使刻蚀过程只沿着深度的方向发展。因此，该刻蚀工艺就具备加工大深宽比微结构的能力。从微孔的截面形貌可以明显看出，孔的深宽比已远超过 KOH 刻蚀硅的最大深宽比 0.707。其中，图 6-11 中微结构的深宽比大于 8。

图 6-11　硅样片刻蚀孔的截面形貌

　　2）刻蚀表面的横向影响

　　实验发现刻蚀孔周围有时会出现圆环形的亮区，如图 6-12 所示。这是因为刻蚀孔周围材料被刻蚀的缘故，本书称这种现象为刻蚀表面的横向影响。在刻蚀过程中，刻蚀孔周围的材料通常都保护在 SiO_2 钝化膜之下。如果实验过程中激光脉冲能量大或脉冲频率高，在刻蚀过程中，就容易出现图 6-12 所示的表面横向影响。这是因为，由 4.3 节的高能激光作用溶液中物质的力效应分析可知，溶液中激光烧蚀力会引起刻蚀光斑处溶液的波动；同时，激光作用溶液中物质导致爆发沸腾气泡群内部的气泡发生着非同平常的破裂行为，气泡破裂会释放压力波导致复杂的射流，从而显著地影响局部的流场。因而，一方面溶液的波动加快了电化学反应的传质过程，使反应速率增大；另一方面，过高的脉冲能量或频率、导致溶液中激光加工较强或较高频率的力效应会使得溶液的波动程度加剧，溶液对激光的散射也相应加剧，散射到刻蚀孔之外的激光会刻蚀掉 SiO_2 钝化膜，使刻蚀孔周围重新露出硅材料从而被 KOH 腐蚀。同时，由于激光能量大或脉冲频率高，还会产生较大的温升，激光的热效应会向刻蚀孔周围扩散，引起刻蚀孔周围材料和溶液的较大温升，加快刻蚀孔周围的电化学反应速率。

　　由上述分析可知，刻蚀表面的横向影响是由于溶液中激光加工的力效应引起的溶液波动破坏了 SiO_2 钝化膜导致刻蚀孔周围化学反应速率增加的缘故，而刻蚀光斑的能量过大是引起这些原因的关键因素。掩模孔径越大，刻蚀光斑的能量越大。在其他条件相同的情况下，分别采用 209 mil(约 5.31 mm)孔径掩模和 92 mil(约 2.34 mm)孔径掩模进行刻蚀对比实验，实验结果如图 6-12 所示，从图中可以明显看出，92 mil 孔径掩模加工的刻蚀表面横向影响远小于 209 mil 孔径掩模加工的刻蚀表面横向影响。因此，可以通过减小刻蚀光斑的能量来减小刻蚀表面的横向影响。除此之外，脉冲频率越大，溶液中力效应频率也越大，则溶液的冲击波动越剧烈，横向影响会增加。因此，减小激光的脉冲频率也可以改善刻蚀表面的横向影响。

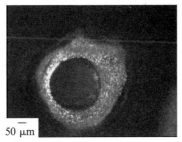

　　（a）掩模孔径209 mil　　　　　　　　（b）掩模孔径92 mil

图 6 - 12　硅样片刻蚀表面的横向影响

3）刻蚀背面的冲击破坏

　　实验中发现，刻蚀孔的正对背面处，有明显的材料崩离后残留下来的不规则凹坑，如图 6 - 13 所示，该凹坑是在剧烈的冲击力（由内向外强烈的冲击压应力）作用下造成的。在准分子激光的照射下，硅材料在极短时间内吸收强烈的脉冲光能，直接击断化学键而形成大量极细微颗粒或吸收能量后转化成热能，使材料在瞬间气化成稠密的热等离子体。这都将造成该处材料体积急剧膨胀，在受到周围基体束缚的情况下这部分被刻蚀材料会以不同状态从刻蚀口喷射出去，其中基体对被刻蚀材料的反作用力是实现刻蚀去除的原动力。由 4.3 节的力效应分析可知，溶液中准分子激光刻蚀材料过程中所产生的溶液中激光烧蚀力、射流冲击压强及声脉冲冲击波都达几百兆帕，超过了大多数材料的布氏硬度。根据 4.3 节冲击力对脆性材料的去除机理可知，这些力效应在材料中传播引起激波，并且在硅片内部形成张力脉冲，若足够大时便会引起材料的微观断裂。另外相对金属而言，半导体材料的导热能力有限。由 4.3 节的热效应分析可知，短脉冲高能量密度的准分子激光加热材料会瞬间在激光光斑微区形成很大的温度梯度，导致较大的热应力。这对热脆性硅材料来说，容易在微小区域内造成脆性破坏。

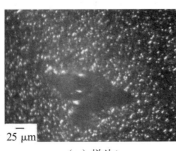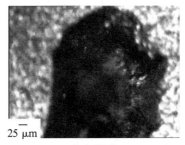

　　　　（a）样片1　　　　　　　　　　　　（b）样片2

图 6 - 13　硅样片刻蚀背面的冲击破坏形貌

　　作为脆性材料硅，当冲击力集中于面积极小的一点持续施加且超过破坏极限后，硅的一些脆弱地方的微粒子首先会崩射出去。其脆弱处的缺陷可能是先天造成的，也可能是在应力作用下微粒子周围先产生微裂纹，裂纹的应力来不及完全释放，逐渐积累后也会趋于破坏。不管具体的微观过程如何，由 4.3 节力效应分析可知，当激光脉冲输出能量增大时，会加大溶液中力效应的幅值；当激光脉冲个数增加时，则会加大溶液中力效应的次数。因而增大的冲击作用会加速刻蚀背面的破坏。另外，随着刻蚀孔深度的加深，孔底剩余材料的厚度逐渐变薄，冲击作用对硅片背面材料的破坏作用也会加剧，最终形成不规则的崩离凹坑。所以在满足刻蚀要求的前提下，应尽量采用较小的激光脉冲能量和较低的脉冲频率来减小硅片的冲击破坏。

4）溶液飞溅对刻蚀工艺的作用

实验中发现，在一定的条件下，刻蚀光斑处的溶液会随着激光脉冲作用向上溅起，本书称这一现象为溶液飞溅。溅起的溶液会在石英镜片上凝结成液滴，这些液滴会引起激光的散射，造成光斑位置的波动和激光能量的损失，严重影响刻蚀孔的表面质量，如图6-14所示。

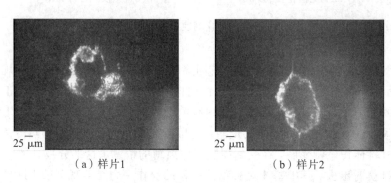

（a）样片1　　　　　　　　　（b）样片2

图6-14　溶液飞溅对刻蚀工艺的影响

由4.3节力效应分析可知，溶液飞溅可能来源于两个方面的原因：

（1）在准分子激光的直接刻蚀作用中，有一个过程是刻蚀材料的微粒由刻蚀孔处向外喷出，这可能引起溶液飞溅。然而，溶液中准分子激光刻蚀材料过程中所产生的增强的激光烧蚀力达几百兆帕，使得飞溅大大加强。

（2）如果溶液对激光吸收率过大，则会在吸收激光后温度急剧升高而发生局部爆发沸腾，爆发沸腾时气泡溃没产生特有的射流冲击力也可能引起溶液飞溅。实验过程中发现，溶液吸收率较高或者溶液浓度较大时，溶液飞溅一般会比较明显；相反，溶液飞溅则不明显。这是因为当溶液吸收率较高或溶液浓度较高时，溶液吸收激光的能量较大，激光加热的爆发沸腾更加剧烈，会产生较强的射流冲击力导致溶液局部爆炸，造成溶液飞溅。另外，适当增大液膜的厚度也会使溶液飞溅明显减小。这是因为如果液膜的厚度较大，爆发沸腾气泡容易在上浮过程中遇上过冷溶液溃没，即使溶液发生局部爆炸，但爆炸冲击难以突破较厚的液层，因此，相对而言就没那么容易产生溶液飞溅。根据上述分析可知，减小溶液飞溅的方法有：采用吸收率较低或浓度较小的化学溶液，以及适当增加液膜的厚度。在实验中液膜的厚度以1 mm左右为宜。

总之，准分子激光电化学刻蚀工艺具有较好的表面刻蚀质量。但是可能会存在刻蚀表面的横向影响、刻蚀背面的冲击破坏和溶液飞溅导致刻蚀质量变差等质量问题，而这些质量问题存在的根源在于复合工艺中激光加工溶液中物质时产生的较强的力效应。因此，高能量短脉冲准分子激光电化学刻蚀工艺过程中力效应作用显著。

6.2.2　与激光直接刻蚀硅工艺的对比分析

准分子激光电化学刻蚀硅工艺是一种将准分子激光直接刻蚀与 KOH 电化学刻蚀相结合的复合型工艺(以下简称复合工艺)。由 6.2.1 节分析可知,在复合工艺中,激光的直接刻蚀是整个刻蚀过程的重要因素。为了研究复合工艺与准分子激光直接刻蚀硅工艺(以下简称直刻工艺)的区别,本节主要从刻蚀形貌和刻蚀速率两个方面进行对比分析。

1. 刻蚀形貌的比较

准分子激光直接刻蚀硅的典型形貌如图 6-15(a)、(b)所示,该样片的实验条件为:N型硅片,掩模孔径为 92 mil(约 2.34 mm),激光脉冲能量为 225 mJ,脉冲频率为 5 Hz,作用时间为 6 min,加工之前用丙酮溶液清洗样片表面。

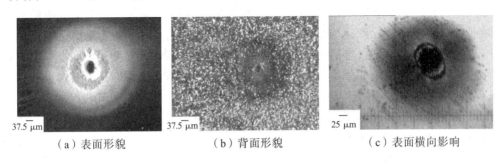

37.5 μm　　　　　37.5 μm　　　　　25 μm

　(a) 表面形貌　　　　　(b) 背面形貌　　　　　(c) 表面横向影响

图 6-15　准分子激光直接刻蚀硅的形貌

从图 6-15 中可以看出,与复合工艺刻蚀的表面相比,在直刻工艺刻蚀的表面上,刻蚀孔周围有大量的微粒沉积,这是因为刻蚀材料微粒从刻蚀孔中喷出而又散落到硅片表面的缘故。而在复合刻蚀工艺中,硅片的表面上覆盖着一层化学溶液,准分子激光直接刻蚀作用产生的材料微粒融合到化学溶液中,并通过溶液中较强的力效应导致的微搅拌带离硅片表面。因此,在复合刻蚀工艺中,刻蚀孔的周围几乎没有材料微粒沉积。

与复合工艺刻蚀的背面相比,在直刻工艺的刻蚀背面上,刻蚀孔的孔形完好,没有复合工艺中的冲击崩离现象。在准分子激光直接刻蚀作用中,有一个过程是刻蚀材料的微粒从刻蚀孔中喷出。由 4.3 节分析可知,在复合工艺中,由于约束介质溶液的存在,使得复合工艺过程中存在烧蚀力和射流力等较强的力效应。其结果一方面使激光脉冲对材料的刻蚀作用增强,另一方面使材料中的冲击破坏可能性增大。因此,与激光直刻工艺比较,背面容易产生材料的冲击崩离现象。这也说明复合工艺刻蚀的力效应显著。

另外,当激光的脉冲频率过高时,直刻工艺刻蚀硅片的表面会产生一定的横向热影响区,如图 6-15(c)所示。该样片的实验条件为:N 型硅片,掩模孔径为 46 mil(约 1.17 mm),激光脉冲能量为 200 mJ,脉冲频率为 50 Hz,脉冲个数为 1500,加工前后用丙酮溶液清洗样片表面。

从图中可以看出,硅片刻蚀孔周围有很大面积的横向热影响区,这是准分子激光热效应在硅片表面传播的结果。而在复合工艺中,刻蚀孔周围也会受到一定的横向热影响,详见 6.2.1 节。从影响区域的面积大小来衡量,其影响的程度要比直刻工艺中的热影响区小得多。由于硅片表面覆盖着一层化学溶液,溶液的热传导率远大于空气的热传导率,因此在溶液下激光加工过程中,过量的热大部分耗散到周围溶液中,从而使得激光作用区域迅速冷却。同时，溶液中产生的冲击力导致微搅拌形成较强的沸腾对流换热，从而使硅片表面的温升变小，也就大大减小了热影响区。

2. 刻蚀速率的比较

为了研究复合工艺刻蚀硅与激光直刻硅的刻蚀速率之间的差异，本节进行了两组对比实验。

实验条件 1：掩模孔径为 46 mil(约 1.17 mm)，脉冲能量为 200 mJ，脉冲频率为 2 Hz，脉冲数分别为 100、200、300、400、500、600；

实验条件 2：掩模孔径为 46 mil(约 1.17 mm)，脉冲能量为 200 mJ，脉冲数为 600，脉冲频率分别为 1 Hz、2 Hz、4 Hz、6 Hz、10 Hz、20 Hz。激光电化学刻蚀实验中，外加电压为 6 V，溶液浓度为 20%。

图 6-16(a)、(b)分别为在不同脉冲数、脉冲频率条件下两种工艺刻蚀速率的对比结果。在图 6-16(a)中，除脉冲数小于 200 外，不同脉冲数的条件下，激光电化学刻蚀深度大于激光直刻的深度，且二者的差距随着脉冲数的增加而增大。需要说明的是，图中显示脉冲数为 100 时，激光电化学刻蚀深度小于激光直刻的深度。这可能是由于刻蚀孔在刻蚀过程或在测试过程被一些杂质堵塞；或者采用三维表面轮廓仪测量锥孔深度时，扫描线偏离锥孔最深的截面而产生测量误差。从图 6-16(b)可知，不同脉冲频率的条件下，激光电化学刻蚀硅工艺的刻蚀深度都大于相同条件下激光直刻硅的刻蚀深度，且随着脉冲频率的增加，二者的差距略有减小。

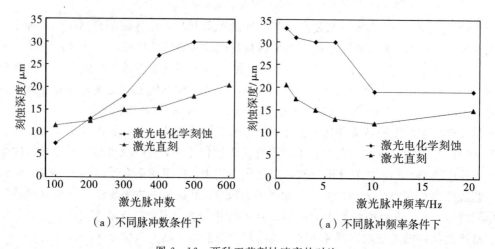

(a) 不同脉冲数条件下　　　　(a) 不同脉冲频率条件下

图 6-16　两种工艺刻蚀速率的对比

在不同脉冲数、脉冲频率条件下，复合工艺的刻蚀深度都大于相同条件下激光直刻工艺的刻蚀深度。由此看来，激光电化学刻蚀硅工艺有助于提高刻蚀速率。

6.2.3　准分子激光电化学刻蚀硅的机理分析

由上述分析可知，与激光直刻相比，激光电化学复合工艺刻蚀速率较大。为了探寻激光电化学反应速率较快的原因和深入理解准分子激光电化学刻蚀硅的工艺机理，有必要根据激光作用下浸于溶液中硅-液界面的温度分布来计算激光热作用下电化学刻蚀的速率。

根据 4.3 节中理论计算的激光作用下硅片表面激光光斑中心的温度时程曲线(见图

4－15），可求出不同激光参数条件下靶材的平均温升，其中最大温升不超过 82 ℃。设室温为 25 ℃，根据 Si 在不同温度下 KOH 溶液中的刻蚀速率，可得激光作用下 Si 的电化学腐蚀速率[172]。

　　将电化学刻蚀速率分别加入图 6－16 中，得到三种工艺刻蚀速率的对比图，如图 6－17 所示。图 6－17(a)、(b)分别为激光直刻速率与电化学刻蚀速率之和与复合工艺的刻蚀速率进行比较的结果。从图中可知，复合工艺的刻蚀速率较多地高于激光直刻速率和电化学刻蚀速率之和。由图 4－15 中温升时程曲线可知，激光电化学复合工艺中，刻蚀过程中瞬态高温持续纳秒时间量级，从而平均温升较小，致使激光光热作用所导致的电化学反应速率较小。这说明，在复合工艺中，除存在激光直刻和电化学刻蚀两种作用外，还同时存在其他耦合作用。

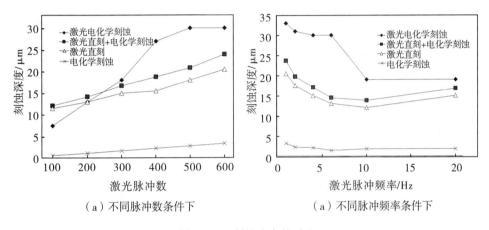

（a）不同脉冲数条件下　　　　　　（a）不同脉冲频率条件下

图 6－17　刻蚀速率的对比

　　准分子激光电化学刻蚀硅工艺是一种将准分子激光直接刻蚀与 KOH 电化学刻蚀相结合的复合型刻蚀工艺。该工艺包含三种刻蚀作用：准分子激光直接刻蚀作用、KOH 电化学刻蚀作用和激光与电化学的耦合刻蚀作用。下面分别对这三种刻蚀机理进行简要的论述。

1. 激光直接刻蚀作用

　　激光刻蚀工艺可以直接通过刻蚀光斑来定义刻蚀的图形。在本书的准分子激光复合工艺中，由于准分子激光的能量较大，激光的作用不同于传统的激光光诱导电化学刻蚀工艺中激光的作用，它不仅是一种诱导激发的手段，更重要的是，准分子激光对材料直接刻蚀是整个刻蚀过程中的一个重要因素。

　　根据 Brannon 提出的理论模型[169]，准分子激光对硅材料的直接刻蚀作用可表述为：工艺中采用的 248 nm KrF 准分子激光的光子能量约为 5.0 eV，而被刻蚀材料硅晶体中共价键键能约为 1.12 eV。因此，在准分子激光的照射下，刻蚀光斑区域内的硅材料在极短时间内强烈地吸收脉冲光能，直接击断化学键而形成大量极细微颗粒或吸收能量后转化成热，使材料在瞬间汽化成稠密的热等离子体。这将造成该处材料的体积急剧膨胀，在受到周围基体束缚的情况下，这部分被刻蚀的材料会以不同状态从刻蚀口喷射出去，其中基体对被刻蚀材料的反作用力是实现刻蚀去除的原动力。准分子激光直接刻蚀硅的过程如图 6－18 所示。

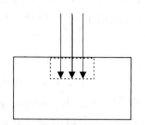　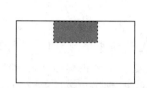　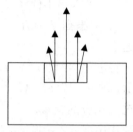

（a）吸收激光能量超过材料阈值　（b）化学键断裂成为极细的粒子呈类气体态　（c）体积急剧膨胀导致材料微粒喷出

图 6-18　准分子激光直接刻蚀硅的过程

2. 电化学刻蚀作用

在常见的硅化学刻蚀工艺中，KOH 碱性刻蚀液虽然刻蚀速率较慢，但它通常被认为是一种操作安全、环境友好的刻蚀剂。

根据 Seidel 等提出的理论模型[170]，一个硅原子的腐蚀需要在硅晶体和电解液之间转移四个电子，其中包括两个反应过程：硅的氧化反应和水的还原反应。在平衡能带模型中，硅晶体界面上有两种表面态对刻蚀过程是非常重要的。一种是拥有两个悬挂键的表面态，称为悬挂态；另一种是直接与第二层硅原子背键绑定的表面态，称为背键态。首先，硅晶体和化学液界面上的两个 OH^- 离子绑定到悬挂态硅原子的两个悬挂键上，同时向悬挂态注入两个电子，电子由于热激发作用上升到硅晶体的导带中，其反应过程为

$$\begin{array}{c} Si \\ | \\ Si—Si \\ | \\ Si \end{array} + 2OH^- \longrightarrow \begin{array}{c} Si \quad OH \\ \backslash \quad / \\ Si \\ / \quad \backslash \\ Si \quad OH \end{array} + 2e_{cond}^- \qquad (6-1)$$

由于硅晶体表面有绑定的氢氧化物存在，表面硅原子背键的作用力将减弱，这使得背键态的能级上升到一个较高的水平。接着，化合物 $Si(OH)_2$ 的背键由于热作用被打断，背键态上的电子同时注入硅晶体导带中，这样带正电荷的硅氢氧化物就形成了，并从硅的晶格中分离出来，但由于静电力的作用还吸附在硅晶体上，其反应过程为

$$\begin{array}{c} Si \quad OH \\ \backslash \quad / \\ Si \\ / \quad \backslash \\ Si \quad OH \end{array} \longrightarrow \begin{array}{c} Si \\ | \\ Si \end{array} + \left[\begin{array}{c} OH \\ / \\ Si \\ \backslash \\ OH \end{array} \right]^{2+} + 2e_{cond}^- \qquad (6-2)$$

带正电荷的硅氢氧化物进一步与两个 OH^- 离子反应生成原硅酸 $Si(OH)_4$，其反应过程为

$$\left[\begin{array}{c} OH \\ / \\ Si \\ \backslash \\ OH \end{array} \right]^{2+} + 2OH^- \longrightarrow Si(OH)_4 \qquad (6-3)$$

当原硅酸 $Si(OH)_4$ 分子扩散到电解液中时，它变得不稳定。在 pH 超过 12 的碱性环境下，其分解出 2 个质子，生成相应的可溶性化合物。其反应过程如式（6-4）所示。到此，硅的氧化反应过程完成。

$$Si(OH)_4 \longrightarrow SiO_2(OH)_2^{2-} + 2H^+ \qquad (6-4)$$

另一方面，硅晶体导带中过剩的电子与硅界面上的水分子发生反应生成氢氧根离子和

氢原子。Seidel 等认为,硅氧化反应中所需的 OH⁻ 离子是由水的还原反应产生的,而不是 KOH 溶液本身提供的,甚至,当 KOH 浓度过高而水的浓度过低时,硅腐蚀反应速率反而会下降。综上所述,硅在 KOH 溶液中的刻蚀总体反应为

$$Si + 2OH^- + 2H_2O \longrightarrow SiO_2(OH)_2^{2-} + 2H_2 \qquad (6-5)$$

Seidel 等还指出,当在硅片施加一定的阳极偏压(正的外加电压)时,硅的刻蚀速率会迅速剧烈地下降,这是由于在硅片上形成了 SiO_2 钝化膜的缘故,而 SiO_2 在 KOH 溶液中的腐蚀速率要远远小于硅的腐蚀速率。因此 SiO_2 阻碍了硅的腐蚀过程。当硅晶体表面上的负电荷被外加的正电压中和时,SiO_2 钝化膜就开始形成,其反应过程为

$$Si(OH)_4 \longrightarrow SiO_2 + 2H_2O \qquad (6-6)$$

3. 激光电化学耦合刻蚀作用

与传统的激光直接刻蚀一样,在复合工艺刻蚀过程中,准分子激光的直接刻蚀只在刻蚀光斑定义的区域内进行,而复合工艺中包含的 KOH 刻蚀则对整个硅片同时进行,即在激光光斑区域之外的硅材料同样受到了 KOH 刻蚀。为了达到和激光直接刻蚀一样的刻蚀效果,需使 KOH 的电化学刻蚀过程只在刻蚀光斑定义的区域内进行,这就必须采取有效的措施避免刻蚀光斑以外区域的硅材料被刻蚀。

根据 KOH 电化学刻蚀工艺的刻蚀机理,如果给硅片施加一定的阳极偏压,硅片表面就会产生 SiO_2 钝化膜,而 SiO_2 在 KOH 溶液中的刻蚀速率极低(在室温的条件下,刻蚀速率只有每小时几纳米[171]),这样就利用 SiO_2 钝化膜的保护,避免了硅被 KOH 刻蚀。而在激光光斑内,SiO_2 钝化膜会被准分子激光刻蚀掉而重新露出硅材料,使 KOH 电化学刻蚀反应继续进行。这样就能保证只在激光光斑区域内不断有硅被 KOH 溶液刻蚀,而其他区域的硅材料都被保护在 SiO_2 钝化膜之下不被刻蚀。

从图 6-17(b)和图 6-18(b)中不同脉冲数、不同脉冲频率下三种刻蚀工艺的速率比较结果可知,除了直刻和电化学刻蚀作用之外,在复合工艺中,还存在其他一部分刻蚀速率,这来源于有利于刻蚀速率提高的准分子激光和电化学溶液的耦合作用。从第 4 章高能准分子激光作用溶液中物质的热力效应分析可知,耦合作用的主要来源有四个方面:

(1)高功率密度的激光在刻蚀过程中产生等离子体,而刻蚀液在一定程度上约束了激光刻蚀过程中等离子体的扩张,加大了激光刻蚀过程中产生的激光烧蚀冲击力,使激光脉冲对材料的刻蚀作用增强。另外,当约束介质为液体时,还会出现空泡这一特有的物理现象。空泡在溃灭阶段还会形成指向靶面的高速射流并在溃没后期辐射声脉冲冲击波,溶液中激光烧蚀冲击力、高速射流力和声脉冲冲击波往往可达到几百兆帕的数量级[172]。这些力效应较大地增加了对脆性材料的刻蚀作用。

(2)激光光电化学反应是激光与电化学介质的一种耦合作用。不过,即使在 HF 溶液中,连续激光光电化学刻蚀硅的速率也不超过 1 μm/min[173],而本实验采用的激光脉宽为 20 ns,在 600 个脉冲的作用过程中,光电化学作用时间仅 1.2 ms。因此,由激光光电化学引起的刻蚀深度非常小。

(3)激光照射处温度瞬时升高,引起粒子动能的突然增加,并产生较大的定域热梯度而使溶液局部扰动,加速了定域分解和汽化,导致腐蚀速率增大[173]。

(4)激光的冲击作用下,光斑附近溶液层产生局部扰动,加快了传质速度,使刻蚀孔

局部区域电化学反应速度加快。

其中，由于激光作用时间短，(2)、(3)和(4)导致的耦合效应相对较小。因此，在耦合作用中，力效应在刻蚀过程中起着重要作用，使得溶液中刻蚀速率加大。

为了分析溶液中激光加工的力效应在复合工艺中的刻蚀作用，根据4.2.4节的液体中激光加工力效应去除率的计算结果，进行以下比较分析。将力效应对脆性材料的去除率分别加入图6-17(a)、(b)中，将激光直刻、电化学刻蚀及冲击力刻蚀之和与激光电化学复合工艺刻蚀相比较，结果如图6-19所示。从图中可知，在不同脉冲数、脉冲频率条件下两条刻蚀速率曲线趋势基本吻合，但是复合工艺刻蚀率略小于三种刻蚀速率之和。这是因为，相对水溶液，浓度20%的KOH溶液对准分子激光有一定的吸收率，因此激光电化学刻蚀过程中激光作用于样片的能量有所减小，而导致激光直接刻蚀作用和力效应的刻蚀作用都有所减小。从而可知，溶液激光加工的力效应对材料的刻蚀作用很大，在耦合作用中起着重要作用。

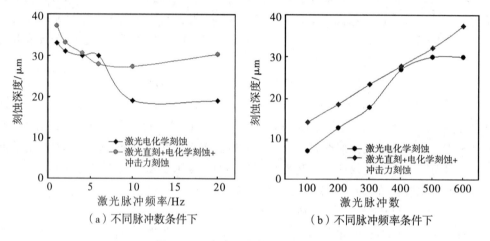

图6-19　复合工艺刻蚀速率的分析

由上述分析可知，准分子激光电化学刻蚀硅包含三种刻蚀作用：激光直接刻蚀作用、电化学刻蚀作用和激光与电化学的耦合刻蚀作用，其中，激光直接刻蚀作用占主要部分。在耦合作用中，溶液中激光加工的力效应对脆性材料的去除是激光与电化学耦合刻蚀作用的主要机制。

6.2.4　对比分析

1. 与水中准分子激光刻蚀硅工艺的比较

为了比较研究准分子激光电化学刻蚀硅与水中准分子激光刻蚀硅过程中的力效应作用，本节进行了两组刻蚀速率对比实验。

实验条件1：掩模孔径为46 mil(1.17 mm)，脉冲能量为200 mJ，脉冲频率为2 Hz，脉冲数分别为100、200、300、400、500、600。

实验条件2：掩模孔径为46 mil(1.17 mm)，脉冲能量为200 mJ，脉冲数为600，脉冲频率分别为1 Hz、2 Hz、4 Hz、6 Hz、10 Hz、20 Hz。

激光电化学刻蚀中，外加电压为6 V，KOH溶液浓度为5%。实验材料为N-Si，晶向为⟨100⟩，厚度为 430 μm。每组实验分别在空气中、水中和 KOH 溶液中进行。水中刻蚀时，样片表面覆盖厚 3 mm 的蒸馏水。实验前后用丙酮溶液清洗样片表面；样片清洗、烘干后固定在三维工作台上的浅槽容器中，激光通过聚焦照射到样片表面；整个实验在室温下进行。实验结束后采用表面轮廓测试仪测量刻蚀深度。图 6 - 20 所示为水中准分子激光刻蚀硅的表面形貌。由图可知，与准分子激光电化学刻蚀加工一样，刻蚀孔的周围没有材料微粒沉积。这是由于两种刻蚀过程都是在液体介质中进行，准分子激光直接刻蚀

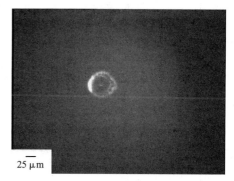

图 6 - 20　水中刻蚀硅的表面形貌

作用产生的材料微粒融入到溶液中，并通过溶液的微搅拌带离硅片表面。

　　图 6 - 21(a)和(b)分别为在不同脉冲数、脉冲频率条件下刻蚀速率的对比结果。通过对比可知，准分子激光水中刻蚀硅片也有较好的刻蚀特性。在不同脉冲数、脉冲频率条件下，准分子激光水溶液刻蚀速率比准分子直接刻蚀速率大得多。水中激光刻蚀作用主要由激光直刻和溶液中激光加工的力学效应对脆性材料的刻蚀作用两部分组成，因此作用液体介质中激光加工的力效应使激光脉冲对材料的刻蚀作用增强。从图中可以看出，准分子激光水溶液中刻蚀速率略大于准分子激光电化学刻蚀速率（激光电化学条件：KOH 溶液的浓度为 5%，外加电压为 6 V）。其原因如下：相对于水溶液，浓度为 5% 的 KOH 溶液对准分子激光有所吸收，因此激光电化学刻蚀过程中激光作用于样片的能量有所减小，而导致激光直接刻蚀作用和力效应的刻蚀作用都有所减小。从而可知，液体介质中激光加工的力效应在刻蚀作用中起着重要作用。

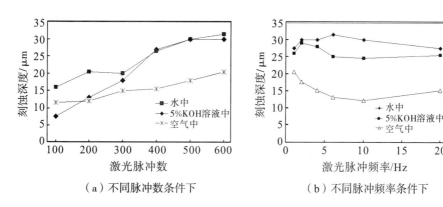

（a）不同脉冲数条件下　　　　　　（b）不同脉冲频率条件下

图 6 - 21　水中刻蚀硅的速率对比

　　水中刻蚀速率比激光直刻的速率快得多而与激光电化学刻蚀速率相当，这一事实进一步证实了溶液中激光加工的力效应对脆性材料的刻蚀起着重要作用，使得溶液中激光电化学的刻蚀速率加大。因此，溶液的力效应对脆性材料的去除是激光与电化学溶液耦合刻蚀作用的主要机制。

2. 与金属材料刻蚀特性的比较

准分子激光电化学刻蚀硅工艺是一种将激光直接刻蚀引入到电化学湿法刻蚀中的复合

型硅刻蚀工艺。针对激光电化学刻蚀金属工艺，通常激光增强金属电化学刻蚀特性主要是利用激光的热效应，因此常选用波长较长、热效应明显的激光。248 nm 准分子紫外激光波长短、热效应很小，但还是存在一定的热效应。由于刻蚀材料不同，准分子激光电化学刻蚀金属与准分子激光电化学刻蚀硅的特性有显著差别。为了与激光电化学刻蚀硅工艺特性进行比较，本节以金属镍和铜为例进行准分子激光电化学刻蚀金属材料的刻蚀特性研究。

准分子激光电化学刻蚀金属镍片的刻蚀形貌如图 6-22 所示。该样片的实验条件为：镍片厚度为 160 μm，掩模孔径为 92 mil(约 2.34 mm)，激光的脉冲能量为 130 mJ，脉冲频率为 5 Hz，外加电压为 0.5 V，刻蚀时间为 20 min，化学溶液为 0.5 mol/L 的 NaCl 溶液，加工前后用丙酮溶液清洗样片表面。

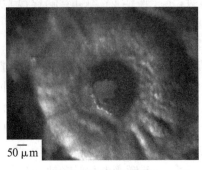 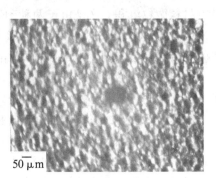

50 μm　　　　　　　　　　　50 μm

（a）表面刻蚀形貌　　　　　　　（b）背面刻蚀形貌

图 6-22　金属镍的刻蚀形貌

从图中可以看出，镍片的表面刻蚀形貌与硅片不同，刻蚀孔周围存在着非常严重的横向刻蚀。这一方面是因为准分子激光作用溶液中物质的热效应和力效应引起溶液局部的搅动，使刻蚀光斑周围的电化学反应速率增大；另一方面是由于刻蚀光斑之外的金属材料没有稳定钝化膜的保护。而在刻蚀硅工艺中，刻蚀光斑之外的硅材料均保护在 SiO$_2$ 钝化膜之下，刻蚀孔周围不会出现较大的横向刻蚀，有较好的刻蚀表面质量。镍片的背面刻蚀形貌与硅片也有明显的不同，从图中可以看出，镍片刻蚀背面的孔形较好，而硅片刻蚀背面有明显的冲击崩离。这是因为，金属材料有较好的韧性和导热性能，本实验采用的激光能量所导致的冲击作用不能在刻蚀背面产生材料崩离。

另外，金属材料刻蚀的截面形貌与硅材料也有较大的区别。准分子激光电化学刻蚀金属的典型截面形貌如图 6-23 所示，该样片的实验条件为：紫铜片厚度为 110 μm，掩模孔径为

92 mil(约 2.34 mm)，激光的脉冲能量为 130 mJ，脉冲频率为 5 Hz，外加电压为 0.5 V，刻蚀时间为 20 min，化学溶液为 0.5 mol/L 的 NaCl 溶液，加工前后用丙酮溶液清洗样片表面。

从图中可以看出，与硅材料刻蚀截面轮廓相比，金属材料截面轮廓的斜度更大。这是因为在金属材料刻蚀中，电化学刻蚀是各向同性的，激光的热效应和搅动作用增大纵向刻蚀速率的同时也增大了横向刻蚀速率。而在硅材料的刻蚀中，KOH 溶

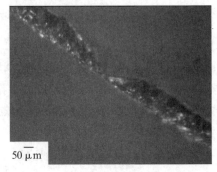

50 μm

图 6-23　金属铜刻蚀的截面形貌

液对硅的刻蚀是各向异性的，深度方向上 $\langle 100 \rangle$ 晶面的刻蚀速率远远大于其他方向上晶面的刻蚀速率。更重要的是，在刻蚀过程中会不断地生成 SiO_2 钝化膜，只有在深度方向上的 SiO_2 钝化膜不断被准分子激光刻蚀掉，重新露出的硅才继续参入 KOH 的刻蚀反应。而其他方向上的硅材料一直保护在 SiO_2 钝化膜之下，这样，整个刻蚀过程就只沿着深度方向发展，因此刻蚀截面的斜度相应较小。

由上述分析可知，与金属材料的刻蚀相比，硅材料的刻蚀既能够得到较好质量的刻蚀表面，又具备加工大深宽比微结构的潜力。其不足之处是在硅材料刻蚀中容易在刻蚀背面产生冲击崩离。

6.2.5　小结

本节探索了一种新的硅刻蚀工艺——准分子激光电化学刻蚀硅工艺。该工艺采用功率密度较大的 248 nm 脉冲激光聚焦对 KOH 溶液中 N 型 Si 样片进行刻蚀。相比空气中的激光直刻，复合工艺避免了飞溅物沉积并减小了热影响区，从而获得较好的表面质量，且刻蚀速率得到较大地提高。

该复合工艺同时包含三种刻蚀作用：激光直接刻蚀作用、电化学刻蚀作用和激光与电化学的耦合刻蚀作用，其中激光直接刻蚀作用占主要部分。激光与电化学之间的耦合刻蚀作用是通过激光的光热效应、光电效应、激光诱导的冲击波对腐蚀液和材料的冲击、微搅拌等作用来实现的。在耦合作用中，溶液中激光加工的力效应对脆性材料的刻蚀起着重要作用，使得溶液中激光电化学的刻蚀速率提高。

实验研究结果表明：准分子激光脉冲作用时间短，激光的热效应对激光电化学刻蚀影响较小；而高能短脉冲激光作用溶液中物质的力效应显著，这些较大的力效应对脆性材料硅有较大的刻蚀作用。通过对准分子激光在溶液中与靶材相互作用过程中的热力效应的研究，更深入地探讨了准分子激光电化学刻蚀硅的工艺机理。

从工艺原理分析可知，该工艺不仅继承了激光直接刻蚀加工中不需要光刻显影就能进行图形刻蚀的优越特性，并有效地提高了刻蚀速率，在硅微结构的三维加工领域有一定的应用前景。

6.3　溶液辅助激光加工实验研究[98]

本节对溶液辅助激光加工进行了实验研究，使用 YMS-20F 光纤激光器，在 0.8 mm 的硅片上进行了不同条件下的划片实验。通过对传统激光划片、水下激光划片、水射流激光划片的对比，研究了激光功率、激光扫描次数和环境对划片质量的影响，首次在水射流激光划片中发现了自聚焦现象。

6.3.1　实验条件

1. 实验主要设备

1）YMS-20F 光纤激光划片机

本节实验所采用的激光器为光纤激光划片机，具体型号为 YMS-20F，该设备由珠海市粤茂激光设备工程有限公司制造。该激光加工设备主要包括激光器、工作台、计算机控制系统、冷却系统、电源等部件，其实物图如图 6-24 所示。YMS-20F 光纤激光划片机可以调节的参数包括激光功率、激光调制频率、激光扫描速度和激光扫描次数。其具体参数及调节范围如表 6-1 所示。

图 6-24　YMS-20F 光纤激光划片机

表 6-1　YMS-20F 主要技术指标

波　长	输出功率	稳定度	调制频率
1064 nm	0～20 W	≤±3%	20～100 kHz
脉冲宽度	切割速度	光束质量	工作台
20～50 ns	0～250 mm/s	$M^2 < 1.3$	350×350 mm

2）水射流系统

本节实验使用组装的简易水射流系统，主要由喷枪、电动机、水泵、水管、水槽、过滤装置等组成。为防止射流的飞溅，在工作台上加装有机玻璃板。喷嘴可以调节角度以及水射流长度和射流方向。水射流系统示意图如图 6-25 所示。如图 6-26 所示，实验中控制 φ 角（喷嘴与水平方向的夹角）为 60°，φ 角为 0°时，喷嘴加工点的距离在工件上方 6～7 cm，水射流出口压力为 0.9 MPa。

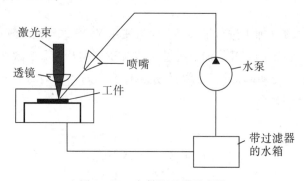

图 6-25　水射流系统示意图

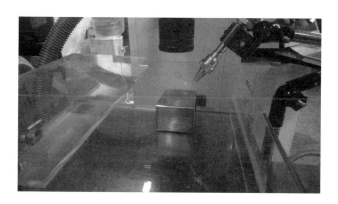

图 6-26　水射流激光划片工作台实物图

3）FEI Quanta 200 扫描电镜

实验中采用 FEI Quanta 200 扫描电镜对水射流激光划片后的材料表面熔渣分布和宏观形貌进行观察。图 6-27 所示为 FEI Quanta 200 扫描电镜的实物图。FEI Quanta 200 采用电子束轰击待测样品表面，通过电子束撞击样品后产生的二次电子、背散射电子等对样品表面或断口形貌观察分析。Quanta 200 配有三种真空模式（高真空、低真空和环境扫描），可以满足绝大多数样品的要求，同时能维持样品的原本形貌，保证数据的真实性和可重复性。Quanta 200 的主要技术指标如下：

（1）分辨率。

高真空模式下：30 kV 时优于 2.0 nm；

低真空模式下：30 kV 时优于 3.5 nm；

环境真空模式下：30 kV 时优于 2.0 nm。

（2）放大倍数：12～1 000 000。

（3）加速电压：200 V～30 kV 连续可调。

（4）试样台可移动范围：$x=y=500$ mm。

图 6-27　FEI Quanta 200 扫描电镜实物图

2. 实验材料

实验中采用的硅片由浙江立晶光电科技有限公司生产，样品表面有较好的平整度和光洁度。硅片的具体参数如表 6-2 所示。

表 6 - 2　材料硅的参数

类型	厚度	尺寸	型号	生长方式
单面抛光硅片	725 μm	50×50 mm	P 型	直拉单晶

6.3.2　传统激光划片工艺

为了进一步探究水射流对激光划片的影响，本节对传统激光划片和水下激光划片与水射流激光划片进行对比。空气中激光划片示意图如图 6 - 28 所示。

本实验主要对不同功率、不同激光扫描次数下的激光划片进行对比，其余参数都相同，激光扫描速度为 10 mm/s，激光重复频率为 100 kHz，激光脉冲宽度为 30 ns。

图 6 - 29 所示为激光重复扫描两次在不同功率下划片的电镜图。

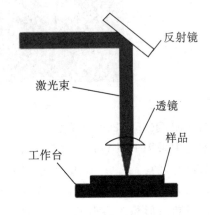

图 6 - 28　空气中激光划片示意图

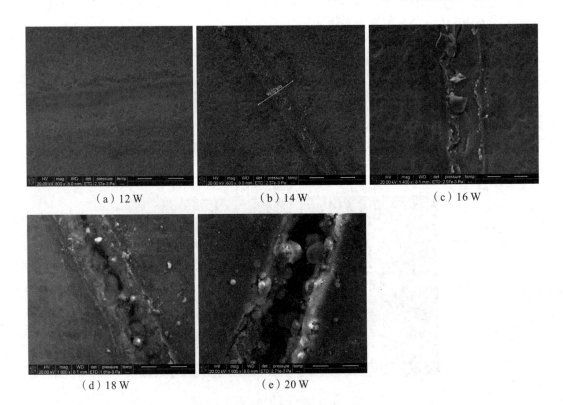

（a）12 W　　　（b）14 W　　　（c）16 W

（d）18 W　　　（e）20 W

图 6 - 29　激光重复扫描两次在不同功率下划片的电镜图

从图 6 - 29 可以看出，常规激光划片在激光功率为 12 W 的时候，只出现了热影响引起的质变区，在电镜下未出现明显的变形或熔渣；激光功率为 14 W 时，热影响区域变大，在硅片表面出现不明显的凹坑以及细小粒的熔渣；激光功率为 16 W 时，细小熔渣变为较大熔渣，热影响区域也更明显；激光功率为 18 W 时形成明显的划片痕迹；功率为 20 W 时形成较深的划痕，同时可以看到大量熔渣堆积在槽中，硅片加工区域变质明显，且出现了重铸层。

图 6-30 所示为激光重复扫描四次在不同功率下划片的电镜图。比较激光扫描两次和扫描四次时的激光划片结果可以发现，当激光功率为 16 W 和 18 W 时，扫描四次比扫描两次划片深度明显增加，即第三次和第四次激光扫描所刻的深度远大于第一次和第二次所刻的深度，这是因为第一次和第二次划片时形成了曲率较小的凹坑，这一阶段，能量的主要吸收方式为菲涅尔吸收，由于表面较平，光束大部分被反射，导致菲涅尔吸收效率较低。当第三次、第四次划片时，由于硅片表面形貌的变化，更多的光被吸收，菲涅尔吸收效率变高。同时随着吸收效率变高，导致局部高温并形成等离子体，等离子体形成后对入射激光的逆韧致辐射吸收大大增加，提高了后面两次的切割效率，使后两次的划片深度远大于前两次的划片深度。当激光功率低于 16 W 时，前两次激光扫描并未使硅片表面形貌发生较大的变化，导致后两次划片时激光吸收效率不高，同时由于激光功率较低，故激光扫描四次也未在硅片表面形成明显划痕。当激光功率为 20 W 时，激光扫描四次时的槽宽 130 μm 远大于两次时的槽宽 70 μm，这是因为等离子体形成后会对光束进行反射，反射的光束及高温等离子的碰撞会使划片形成的槽宽大于光斑直径。同时随着激光扫描次数变多，相同功率下热影响区域也会变大。

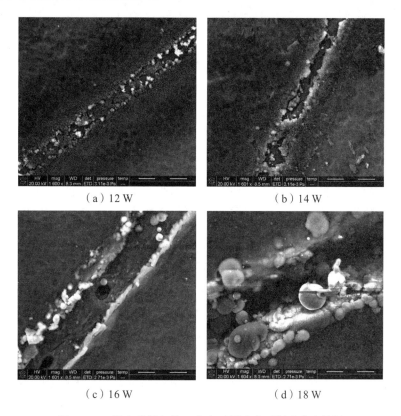

（a）12 W　　　　　　　　（b）14 W

（c）16 W　　　　　　　　（d）18 W

图 6-30　激光重复扫描四次在不同功率下划片的电镜图

6.3.3　水下激光划片工艺

为了进一步探究水射流对激光划片的影响，本节进行了初步的水下激光划片实验，来探究水射流的动态水与静水对激光划片的不同影响。本实验主要对不同功率下的水下激光划片进行对比，其余参数都相同，激光扫描速度为 10 mm/s，激光重复频率为 100 kHz，激光脉冲宽度为30 ns，激光重复扫描 2 次。图 6 - 31 所示为水下激光划片工艺的示意图。

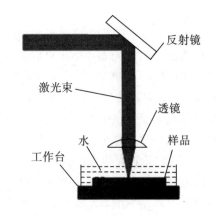

图 6 - 31　水下激光划片工艺的示意图

图 6 - 32 所示为水下不同功率下激光划片的电镜图。比较水下激光划片和空气中激光划片的结果可以发现，水下激光划片深度比空气中激光划片深度浅，这是由于水吸收了一部分激光能量，可以由朗伯比尔定律计算得到。同时加工时水的波动也会对激光产生折射，造成能量损失。

　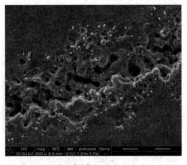

（a）12 W　　　　　　　　（b）14 W

图 6 - 32　水下不同功率下激光划片的电镜图

对比水下激光划片和空气中激光划片，可以发现水下激光划片产生了大量的孔洞，这主要是因为熔融物喷溅和空泡空化所致。熔融物喷溅现象最早由 Paek 和 Dabby 观察得到，他们给出的解释是物体表面吸收激光能量后，一部分被表面环境带走，一部分向工件内部传递。这就导致了工件表面以下的材料先熔化，从而产生了熔融物喷溅。在水下激光加工中，环境损失能量比空气环境中更快，熔融物喷溅也就更容易出现。喷溅出的熔融物被波动的水射流带走就形成了孔洞。同时高能激光作用于水下硅片表面时，激光光斑处的水也存在爆发沸腾现象。爆发沸腾是指液体在高强度热交换下产生的汽化现象，爆发沸腾会诱发蒸汽爆炸，同时产生空泡，当空泡周围存在固体壁面时，空泡溃灭，将会形成射向靶面的高速射流（见图 6 - 33），该高速射流拥有强至几百兆帕的瞬间压强[125]。硅片表面在熔融物喷溅、空泡溃灭后的射流冲击复合作用下就会发生空蚀破坏，其中空泡溃灭后的射流冲击对硅片表面孔洞的形成起主导作用。

相比于水下激光加工，空气中加工区域在电镜下呈现明显的黑色，且有较严重的残渣重凝层。而在水中加工的硅片则没有出现明显黑色和残渣重凝现象。黑色部分为高温引起的变质层，部分为氧化物。水下激光划片由于水起到了冷却和隔离氧气的作用，可以有效减少激光加工时形成的变质层。

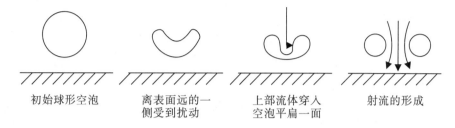

初始球形空泡　　离表面远的一　　上部流体穿入　　射流的形成
　　　　　　　侧受到扰动　　空泡平扁一面

图 6-33　近壁面空泡溃灭形成高速射流的示意图[175]

6.3.4　水射流激光划片工艺

本节主要对不同功率和不同激光扫描次数下的水射流激光划片进行了实验研究。实验中水射流入射角度与水平面为 60°，水射流压力为 0.9 MPa，激光频率为 100 kHz，激光脉冲宽度为 30 ns，切割速度为 10 mm/s。

图 6-34 所示为激光扫描两次时不同功率下划片的电镜图。由实验研究可知，当激光功率为 12 W 时就出现了较深且较窄(12 μm)的槽，由于 YMS-20F 光纤激光划片机的激光光斑半径为 35 μm，且在空气中划片时未出现明显痕迹，由此可以断定此时激光发生了自聚焦现象。随着激光功率的增加，槽宽并没有发生明显的变化。同空气中激光划片相比，水射流激光划片有利于熔渣的去除。空气中激光划片时，熔渣大都分布在槽内；水射流激光划片时，大量熔渣分布在硅片表面，表明水射流能去除熔融物质。同时可以看到在激光功率较低时划片周围区域出现了黑色变质区域，但是当激光功率为 20 W 时反而没有出现黑色变质区域。这是由于自聚焦发生时，由于光斑缩小，会伴随着发生光的衍射现象，自聚焦发生后随着激光功率的变大，衍射现象会逐渐变弱。观察硅片表面可以发现，加工区域附近出现的黑色区域就是随着激光功率的变大而逐渐变小直至消失的，这表明是激光的衍射效应导致了变质的产生。重复走刀两次的实验表明，在水射流与水平面成 60°角入射时，存在激光的自聚焦现象，自聚焦极大地提高了激光的能量密度，使激光在较低功率下就能划片，同时能得到比传统激光划片更小的槽宽。传统激光划片的槽宽≥53 μm 且所刻槽较浅，水射流激光划片时由于发生了自聚焦现象，可以划出槽宽≈12 μm 且较深的槽。随着激光功率的变大，水射流激光划片划出的槽宽并没有发生明显变化。

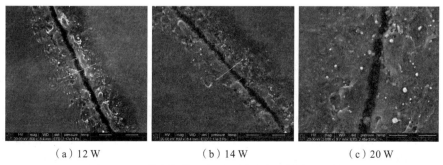

(a) 12 W　　　　　　　(b) 14 W　　　　　　　(c) 20 W

图 6-34　激光扫描两次时不同功率下划片的电镜图

　　激光重复扫描四次的水射流激光划片的电镜图如图 6 - 35 所示。

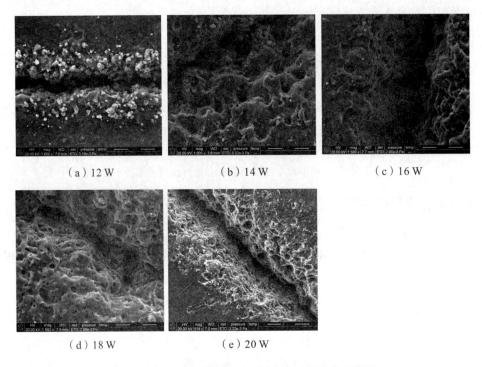

　　　(a) 12 W　　　　　　　　(b) 14 W　　　　　　　　(c) 16 W

　　　　(d) 18 W　　　　　　　　(e) 20 W

图 6 - 35　激光扫描四次时不同功率下划片的电镜图

　　水射流激光划片中激光扫描四次时槽宽(约 80 μm)远大于激光扫描二次时的槽宽(约 12 μm),这是由于第三、第四次水射流激光划片时,硅片表面已存在大量的熔渣及形成的窄而深的划痕,导致水射流冲击硅片时在冲击处产生较多的不规则水花,水束与硅片冲击处状态改变,激光自聚焦条件消失,使槽宽和光斑直径较为接近。对比激光扫描二次和扫描四次水射流激光划片实验,可以发现激光扫描四次时自聚焦现象消失,同时水射流激光划片区

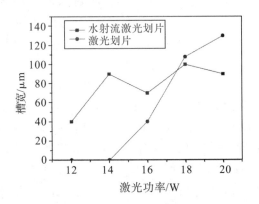

图 6 - 36　重复走刀四次时槽宽和激光功率的关系

域未出现黑色变质层。激光扫描两次时槽两边熔渣比四次时多,这是由于水射流激光划片发生自聚焦现象时刻划出的槽窄而深,导致产生的熔渣不易被水射流冲走。图 6 - 36 所示为重复走刀四次时槽宽和激光功率的关系。将槽宽记为 W,槽深记为 H,在相同激光参数下,有 $W_{水射流} < W_{水下} < W_{传统}$,$H_{水射流} > H_{传统} > H_{水下}$,即相比于水下激光划片和传统激光划片,水射流激光划片能得到较小的槽宽和较大的槽深。对激光参数进行控制,水射流激光划片也能消除由热影响而引起的变质层。

　　激光扫描四次时,12 W 以上的水射流激光划片所得到的硅片表面与水下激光加工得到的类似,都存在大量的孔洞,还有大量孔洞破损的痕迹,说明了类似于水下激光划片,水射流激光划片时也存在熔融物喷溅、水的爆发沸腾及等离子击穿现象,大量的孔洞在水射流冲击力下破损。相比于传统激光划片，水射流激光划片在未发生自聚焦时得到的槽宽也比传统激光划片所得到的槽宽要小，同时不存在明显的变质层。

6.3.5　小结

（1）本节首先对水射流激光划片的主要设备进行了介绍，设备主要包括光纤激光划片机、水射流系统以及扫描电镜；然后介绍了实验材料的主要性质。

（2）对水下激光划片和空气中激光划片进行了实验研究，结果表明水下激光划片相比于空气中激光划片，未出现明显的变质层，同时硅片表面由于水的等离子击穿、爆发沸腾及熔融物喷溅等原因存在大量的孔洞。

（3）对划片后的表面质量进行了对比。在水下激光划片时，未出现变质区域，水射流激光划片没有自聚焦现象时，也未出现变质区域，出现自聚焦现象时，随着激光功率变大，变质层区域逐渐减小，传统激光划片则一直存在变质区域。

（4）对不同工艺下的划片宽度和深度进行比较，结果表明，在合适的工艺参数下，水射流激光划片能得到既深且槽宽较小的理想划片效果。

6.4　溶液辅助激光加工过程中的自聚焦现象[98]

自聚焦的研究出现于 20 世纪 70 年代，经历了近 50 年的发展，许多学者提出了自己的观点并得到了一定的验证，但自聚焦的完整理论至今尚未建立起来，目前自聚焦依然是一个重要的研究热点。相关研究主要集中在不同媒质中的自聚焦现象的研究[176-177]。Kun 研究了高强度紫外激光在熔融石英的非线性自聚焦现象[178]；Hisakuni 研究了激光在 As$_2$S$_3$ 玻璃介质中诱导持久自聚焦[179]。Ohmura 对超短脉冲激光照射的熔融二氧化硅的自聚焦现象和温升进行了分析[180]。在光吸收介质中，高斯脉冲激光照射后，被吸收的光能量转换为热能，然后，在介质中的聚焦区域附近发生熔化或部分烧蚀现象。因此，激光刻蚀等可以实现。然而，当激光加工过程中通过透光介质，光束在材料内部传输时会产生自聚焦效应，这个效应会对激光加工质量产生影响。但是这方面的研究还少见报道。仅有 Anping 关注自聚焦效应对激光内雕刻质量的影响[181]。Medvid 研究了在激光烧蚀 CdZnTe 晶体时产生的热自聚焦现象[182]。本节对水射流激光切割硅工艺进行了实验研究，并在水射流激光加工中发现了自聚焦现象。根据自聚焦的理论，对自聚焦现象的原因进行了分析。

6.4.1　自聚焦理论

自聚焦效应是一种激光的空间效应，类似于透镜效应。当强激光束在非线性 Kerr 介质中传输时，介质的折射率受光场的空间分布影响，折射率的变化又会反作用于光束，改变光束的场分布及频谱特性等。因此，空间的自聚焦作用可以看作光束的一种"自作用"。假设一束高斯光束入射到 Kerr 介质中，Kerr 介质的折射率随光强变化，表示为

$$n = n_0 + n_2 I(\rho)$$

其中：n_0 为线性折射率；$\Delta n = n_2 I(\rho)$，为由光强 I 引起的折射率变化；n_2 为非线性系数。高斯光束的空间光强在中心位置处最大，向两侧逐渐减少。这导致了折射率也呈现出相同的变化，中心处折射率最大，离中心处越远，折射率越小。光束在中心处的传播速度比两侧

慢，使得在平面波前发生畸变，如图 6-37 所示，这种畸变就如聚焦透镜一样，使光束本身发生自聚焦。

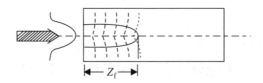

图 6-37 激光光束在非线性介质中的自聚焦及波前失真图[8]

Kelley 在自陷模式下，第一次清晰地从理论上分析了当自聚焦作用强于衍射作用时，光束会在某个特定的位置收缩到很小的尺寸，并首次将这个特定的距离定义为自聚焦距离[184]。根据 Talanov 和 Kelley 的研究结论可以得到，当入射光束的功率大于某个特定的临界功率时，光束会在某个位置形成焦斑，且在该位置，光束的尺寸很小，强度却极大。自聚焦临界功率可表示为

$$P_{cr} = \frac{\pi (0.61\lambda_0)^2}{8n_0 n_2}$$

其中，λ_0 为脉冲波长。

因此，当 n_2 大于 0 且入射激光能量大于自聚焦临界功率 P_{cr}[184] 时，自聚焦效应产生。

在介质中传输的激光产生的电磁场会诱发介质折射率的改变，而介质折射率的变化又会影响激光的传输特性，使其产生波前畸变，通常把这种效应称为激光的"自作用"，如图 6-38 所示[186]。在激光加工中，由于光斑大小有限，所以也会发生衍射现象。衍射作用与光斑半径的平方成反比，光斑越小，衍射作用越明显。自聚焦作用会使光束逐渐变细，光束变细会增强光束的衍射作用，衍射作用能使光束展宽。因此激光光束在非线性介质传输中，自聚焦和衍射是相互竞争的。

当激光功率小于自聚焦临界功率时，衍射现象较强，光束不断展宽，如图 6-38(a) 所示；当激光功率大于自聚焦临界功率时，自聚焦现象强于衍射现象，此后继续增加激光功率，自聚焦现象会一直强于衍射现象，直到某种非线性效应导致自聚焦现象消失，如图

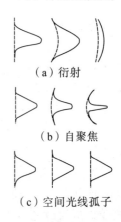

（a）衍射

（b）自聚焦

（c）空间光线孤子

图 6-38 激光的自作用效应

6-38(b) 所示。非线性效应和介质有关，其产生原因比较复杂，光学击穿、受激拉曼散射、杂质和双光子吸收等都能影响非线性效应。当光场的空间分布服从某种分布时，恰好使得衍射作用和自聚焦作用相互抵消，光束会保持不变状态并传输较远的距离，这种不变状态通常称为自陷或是空间光学孤子，如图 6-38(c) 所示。自陷是一种非稳态，很小的激光波动就能破坏这种平衡状态。

自聚焦通常可分为整体自聚焦和小尺寸自聚焦。整体自聚焦又称为全光束自聚焦，它是指光束作为一个整体而聚集，其结果是形成自聚焦点或是形成单根细丝。通常所说的自聚焦就是指整体自聚焦。光束能量在空间上分布不可能完全光滑，从而导致一些随机的强度或相位调制，这就会引起光束在传播过程中发生小尺度的聚焦。本节由于观察到了整体

自聚焦对划片产生的影响，故对整体自聚焦进行重点阐述。

当激光功率较大时，衍射作用可以忽略，依据费马尔原理就能算出此时自聚焦的距离 Z_{sf}，如图 6-39 所示。激光进入折射率 $n_0 + n_2 I_0$ 的非线性介质中，依据费马尔定理可得[12]

$$(n_0 + n_2 I_0)Z_{sf} = \frac{n_0 Z_{sf}}{\cos\theta_{sf}} \qquad (6-7)$$

将 $\cos\theta_{sf} \approx 1 - \dfrac{\theta_{sf}^2}{2}$，代入式(6-7)可得

$$\theta_{sf} = \sqrt{\frac{2n_2 I_0}{n_0}} \qquad (6-8)$$

因此，自聚焦距离 $Z_{sf} = \dfrac{W_0}{\theta_{sf}}$，即有

$$Z_{sf} = W_0 \sqrt{\frac{n_0}{2n_2 I}} = \frac{2n_0 W_0^2}{\lambda_0}\frac{1}{\sqrt{\dfrac{P}{P_{cr}}}} \qquad (6-9)$$

当 $P \gg P_{cr}$，即衍射作用可以忽略时，式(6-9)成立。

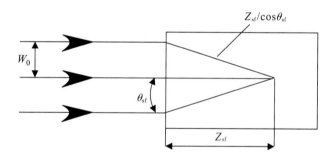

图 6-39　依据费马尔原理计算自聚焦焦距示意图

当激光功率密度较低，即衍射作用不可忽略时，有 $\theta = \sqrt{\theta_{sf}^2 - \theta_{dif}^2}$，其中 $\theta_{dif} = \dfrac{0.61\lambda_0}{n_0 d}$，又因为自聚焦距离 $Z_{sf} = \dfrac{W_0}{\theta}$，可得

$$Z_{sf} = \frac{2n_0 W_0^2}{\lambda}\frac{1}{\sqrt{\dfrac{P}{P_{cr}-1}}} \qquad (6-10)$$

Yariv 得出了适用于任意激光功率下的 Z_{sf} 计算公式为

$$Z_{sf} = \frac{\dfrac{kW^2}{2}}{\sqrt{\dfrac{P}{P_{cr}-1}} + \dfrac{2Z_{min}}{kW_0^2}} \qquad (6-11)$$

其中，$k = \dfrac{n_0 W_0}{c}$，其他参量如图 6-40 所示。

激光强度调制和相位扰动大，光束质量差，这导致激光在介质中具有较低的自聚焦阈值。此外，环境条件对自聚焦效应有显著的影响，即使是理想和统一的空间分布的光束，

当杂质存在于介质中时，将导致自聚焦效应。颗粒尺寸越大，自聚焦效应越明显，并且自聚焦阈值越低[187]。

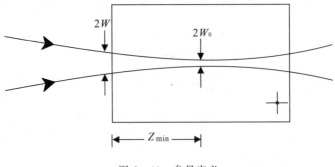

图 6 - 40 参量定义

6.4.2 实验过程

图 6-41 所示为水射流激光加工实验装置图。该系统包括一个德国原装 IPG 光纤激光器、焦距为 85 mm 的聚焦透镜、装水的样本容器。激光的最大功率为 20 W，激光输出模式为基模，光束质量 $M^2 < 1.3$，电光转换效率为 35%。样品是 6N 的 Si〈100〉，厚度为 725 μm，具有光滑的表面。在室温下水射流喷射的水层厚度约为 2.5 mm，该方式可以达到较好的散热和材料去除效果，并减少激光的衰减。选定工艺参数的聚焦激光束通过水层聚焦在试样表面上。焦平面位置的光斑尺寸是 100 μm。计算机辅助程序可以用于设置过程参数和扫描图案。实验主要研究在空气中与水中划片后硅片表面的形貌以及质量。

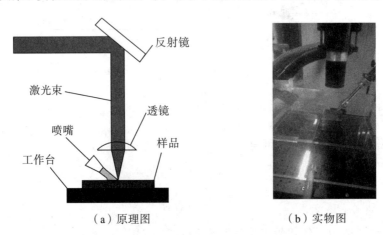

（a）原理图　　　　　　　　　（b）实物图

图 6 - 41 水射流激光加工实验装置

本节研究自聚焦现象对激光加工质量的影响。在空气中的激光加工是为了进行比较分析。这项研究主要关注水射流激光加工的刻蚀宽度，主要对不同功率和不同激光扫描次数下的水射流激光划片进行实验研究。实验中水射流入射方向与水平面呈 60°夹角，水射流压力为 0.9 MPa，激光频率为 100 kHz，激光脉冲宽度为 30 ns，切割速度为 10 mm/s。光学显微镜用来检测激光加工后样品的表面形态，扫描电子显微镜(SEM，型号为 FEI Quanta 200FEG)用来观测加工表面的微观形貌。

6.4.3　水射流激光划片中的自聚焦现象

图 6-42 所示为激光扫描两次时不同功率下划片的电镜图。对激光重复扫描两次的传统激光划片和水射流激光划片的槽宽进行对比，每条槽选三处进行测量取平均值，结果如图 6-43 所示。

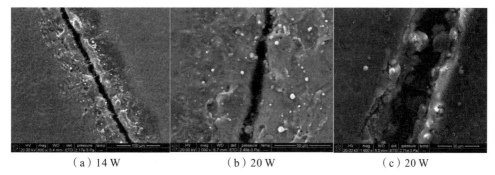

　（a）14 W　　　　　　　　（b）20 W　　　　　　　　（c）20 W

图 6-42　激光扫描两次时不同功率下划片的电镜图

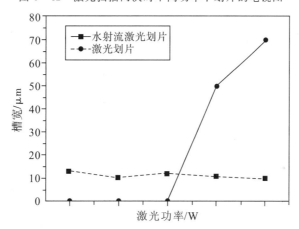

图 6-43　激光重复扫描两次时槽宽和激光功率的关系

在激光扫描次数为两次时，当激光功率为 12 W 时就出现了较深且较窄（12 μm）的槽，由于 YMS-20F 光纤激光划片机的激光光斑半径为 100 μm，且在空气中划片时未出现明显痕迹，由此可以断定此时激光发生了自聚焦现象（如图 6-44 所示），这是因为 Q 高斯激光通过水射流形成不稳定的水层的全自聚焦现象。随着激光功率的增加，槽宽并没有发生明显的变化。同空气中激光划片相比，水射流激光划片有利于熔渣的去除。空气中激光划片时，熔渣大都分布在槽内，水射流激光划片时，大量熔渣分布在硅片表面，表明水射流能去除熔融物质。同时可以看到在激光功率较低时划片周围区域出现了黑色变质区域，但是当激光功率为 20 W 时反而没有出现黑色变质区域。这是由于自聚焦发生时，光斑缩小会伴随着发生光的衍射现象，自聚焦发生后随着激光功率的变大，衍射现象会逐渐变弱。观察硅片表面可以发现，加工区域附近出现黑色区域并会随着激光功率的变大而逐渐变小直至消失，这表明是激光的衍射效应导致了变质的产生。重复走刀两次的实验表明，在水射流方向与水平面呈 60°角入射时，存在激光的自聚焦现象，自聚焦极大地提高了激光的能量密度，使激光在较低功率下就能划片，同时能得到比传统激光划片更小的槽宽。传统激光划片的槽宽接近光斑直径，且所刻槽较浅，水射流激光划片时由于发生了自聚焦现象，可以划出槽宽约 12 μm 且较深的槽，随着激光功率的变大，水射流激光划片槽宽并没有发生明显的变化。

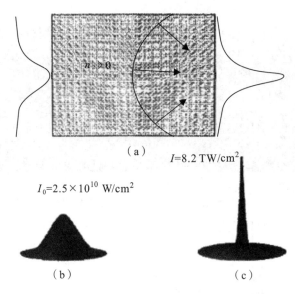

图 6-44　在 kerr 介质中的整体自聚焦[188]

激光重复扫描四次的水射流激光划片的电镜图如图 6-45 所示。

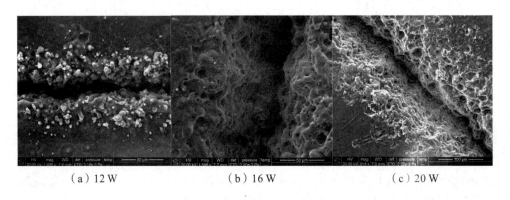

（a）12 W　　　　　（b）16 W　　　　　（c）20 W

图 6-45　激光扫描四次时不同功率下划片的电镜图

水射流激光划片激光扫描四次时槽宽（约 80 μm）远大于激光扫描二次时的槽宽（约 12 μm），这是由于第三、第四次水射流激光划片时，硅片表面已存在大量的熔渣并形成窄而深的划痕，导致水射流冲击硅片时在冲击处产生较多的不规则水花，水束与硅片冲击处状态改变，激光自聚焦条件消失，使槽宽和光斑直径较为接近。对比激光扫描二次和扫描四次水射流激光划片实验，可以发现激光扫描四次时自聚焦现象消失，同时水射流激光划片区域未出现黑色变质层。激光扫描两次时槽两边熔渣比四次时多，这是由于水射流激光划片发生自聚焦现象时刻划出的槽窄而深，导致产生的熔渣不易被水射流冲走。相比于传统激光划片，水射流激光划片能得到较小的槽宽和较大的槽深。对激光参数进行控制后，水射流激光划片也能消除由热影响而引起的变质层。

激光扫描四次时，12 W 以上的水射流激光划片所得到的硅片表面存在大量的孔洞，还有大量孔洞破损的痕迹，说明水射流激光划片时也存在熔融物喷溅、水的爆发沸腾及气泡溃灭的射流冲击，大量的孔洞在水射流冲击下破损。相比于传统激光划片，水射流激光划片在未发生自聚焦时得到的槽宽也比传统激光划片所得槽宽要小，同时不存在明显的变质层。

在激光水射流划片工艺中，由于调 Q 聚焦的实现，峰值功率很大，很容易满足上述自聚焦条件。因此，控制激光功率可以有效地提高激光束质量和环境条件，从而减少激光自聚焦在激光加工中的损伤风险。

6.4.4　小结

在进行水下激光划片时，没有自聚焦现象发生时，未出现变质区域；出现自聚焦现象时，存在较小的变质区域，但变质层区域随着激光功率变大而逐渐减小。而传统激光划片则一直存在较大的变质区域。

水射流激光划片工艺中，自聚焦效应的发生能得到既深且槽宽较小的理想划片效果。但自聚焦效应目前尚不可控，其发生的过程也不可控。控制激光功率可以有效地提高激光束质量和环境条件，从而减少激光自聚焦在激光加工中的损伤风险。

参 考 文 献

［1］　B Richerzhagen. Method and Apparatus for Machining Material with a Liquid-guided Laser Beam ［P］. United States Patent. 1999：1－8.

［2］　B Richerzhagen. The Best of both worlds-Laser and Water Jet combined in a new Process：the Water Jet guided Laser ［M］. Synova SA，Ecublens，CH. 2004：1－8.

［3］　曹佳. 微水导激光关键技术及微孔加工过程的数值模拟研究［D］. 江苏大学，2013.

［4］　F Wagner，O Sibailly，N Vágó，et al. Laser-induced Break-up of Water Jet Waveguide ［J］. Experiments in Fluids，2004(36)：919－927.

［5］　P Couty，Á Spiegel，N Vágó. K. Performance Improvement in leak Noise Reduction ［J］. SAE，2002：1－1238.

［6］　Klau Hock，Benedikt Adelmann，Ralf Hellmann. Comparative study of remote fiber laser and water-jet guided laser cutting of thin metal sheets［J］，Hochschule Aschaffenburg，2012，(39)：225－231.

［7］　初杰成. 水导引激光耦合机理及加工实验研究 ［D］. 哈尔滨工业大学，2006.

［8］　叶瑞芳. 新型水射流导引激光加工系统光学特性与关键技术研究［D］. 厦门大学，2009.

［9］　詹才娟，李昌烽，潘永琛，等. 微水射流导引激光精密打孔过程的流动分析［J］. 力学季刊，2011，32 (2)：159－165.

［10］　孙胜廷. 水导引激光加工装置及加工特性研究 ［D］. 哈尔滨工业大学，2012.

［11］　Dinesh Kalyanasundaram. Mechanics guided of hybrid laser waterjet system for machining hard and brittle materials ［D］. Ames，Iowa：Iowa State University，2009.

［12］　S Mullick，Yuvraj K Madhukar，et al. Development and parametric study of a water-jet assisted underwater laser cutting process ［J］. International Journal of Machine Tools&Manufacture，2013，(68)：48－55.

［13］　V Tangwarodomnukun，Towards Damage-free micro-fabrication of silicon substrates using a hybrid laser-waterjet technology ［D］，University of New South Wales，2012.

［14］　Madhukar Y K，Mullick S，Ashinsh K. Nath. A study on coaxial water-jet assisted fiber laser grooving of silicon ［J］. Journal of Materials Processing Technology，2016，(227)：200－215.

［15］　S Mullick，Yuuraj K Madhukar，Subhransu Roy. An investigation of energy loss mechanisms in water-jet assisted underwater laser cutting process using an analytical model ［J］. International Journal of Machine Tools&Manufacture，2015，(91)：62－75.

［16］　陈春映，袁根福，陆平卫. 工艺参数对水射流激光复合切割 Al_2O_3 陶瓷重铸层厚度的影响［J］. 激光加工，2013，(01)：16－18.

［17］　张崇天，袁根福，陈雪辉等. 水射流对于激光刻蚀晶体硅影响的试验研究［J］. 应用激光，2014，34 (6)：557－561.

［18］　谢兵兵，袁根福. Al_2O_3-SiC 复相陶瓷水射流辅助激光刻蚀的研究［J］. 应用激光，2015，35(4)：483－488.

［19］　袁根福，陆平卫. Al_2O_3 陶瓷低压水射流激光复合打孔质量的研究［J］. 应用激光，2015，35(4)：479－483.

［20］　Kruusing A. Underwater and water-assisted laser processing：Part 2-Etching，cutting and rarely used methods ［J］. Optics and Lasers in Engineering，2004，41(2)：329－352.

[21]　Kruusing A. Handbook of liquids-assisted laser processing [M]. Elsevier, 2010.

[22]　Zharov V P. Photoacoustic tweezers. In: Proc SPIE 4622 (Farkas DL, Leif RC, eds. Optical diagnostics of living cellsV); 2002, 143 – 153.

[23]　Cortona A, Kautek W. Microcorrosion and shock-affected zone investigation at anodic films on aluminium alloys by pulse laser depassivation [J]. Phys Chem Chem Phys, 2001, 3: 5283 – 5289.

[24]　Niino H, Yasui Y, Ding X, et al. Surface micro-fabrication of silica glass by excimer laser irradiation of organic solvent [J]. J Photoch Photobiol A: Chem, 2003, 158(2 – 3): 179 – 182.

[25]　Geiger M, Becker W, Rebhan T, et al. Increase of efficiency for the XeCl excimer laser ablation of ceramics [J]. Appl Surf Sci, 1996, 96 – 98: 309 – 315.

[26]　Miotello A, Kelly R. Critical assessment of thermal models for laser sputtering at high fluences [J]. Appl Phys Lett, 1995, 67(24): 3535 – 3537.

[27]　Carey, Van P. Liquid-vapor phase-change phenomena: an introduction to the thermophysics of vaporization and condensation processes in heat transfer equipment [J]. Van P. Carey. Taylor and Francis, Washington, D. C. : Hemisphere; 1992.

[28]　Kiselev S B. Kinetic boundary of metastable states in superheated and stretched liquids [J]. Physica A: Statistical Mech Appl, 1999, 269(2 – 4): 252 – 268.

[29]　Feder J, Russell K C, Lothe J, et al. Homogeneous nucleation and growth of droplets in vapours [J]. Adv Phys, 1966, 15(57): 111 – 178.

[30]　Dömer H, Bostanjoglo O. Phase explosion in laser-pulsed metal films [J]. Appl Surf Sci, 2003, 208 – 209: 442 – 446.

[31]　Leiderer P, Mosbacher M, DoblerV, et al. Steam laser cleaning of silicon surfaces: Laser-induced gas bubble nucleation and efficiency measurements [M]. In: Luk'yanchuk B, ed. Laser cleaning. New Jersey: World Scientific, 2002: 255 – 310.

[32]　Dou Y, Zhigilei L V, Winograd N, et al. Explosive boiling of water films adjacent to heated surfaces: a microscopic description [J]. J Phys Chem A, 2001, 105: 2748 – 2755.

[33]　Brenner M P, Hilgenfeldt S, Lohse D. Single-bubble sonoluminescence [J]. Rev Mod Phys, 2002, 74: 425 – 484.

[34]　Isselin J-C, Alloncle A-P, Autric M. On laser induced single bubble near a solid boundary: contribution to the understanding of erosion phenomena [J]. J Appl Phys, 1998, 84(10): 5766 – 5771.

[35]　Brujan E-A. Collapse of cavitation bubbles in blood [J]. Europhys Lett, 2000, 50(2): 175 – 181.

[36]　Robinson A J, Judd R L. Bubble growth in a uniform and spatially distributed temperature field [J]. Int J Heat Mass Transfer, 2001, 44(14): 2699 – 2710.

[37]　Veiko V P, Shakhno E A, Volkovyski B V. Peculiarities of steam laser cleaning [J]. In: Proc SPIE 4426, 2002: 322 – 325.

[38]　Mitrovic J. Formation of a liquid jet after detachment of a vapour bubble [J]. Int J Heat Mass Transfer, 1997, 40(18): 4309 – 4317.

[39]　Robinson P B, Blake J R. Interaction of cavitation bubbles with a free surface [J]. J Appl Phys, 2001, 89(12): 8225 – 8237.

[40]　Blake J R, Keen G S, Tong R P, et al. Acoustic cavitation: the fluid dynamics of non-spherical bubbles [J]. Phil Trans R Soc London, Ser A Math, Phys Eng Sci, 1999; 357(1751): 251 – 267.

[41]　Tomita Y, Shima A. Mechanisms of impulsive pressure generation and damage pit formation by bubble collapse [J]. J Fluid Mech, 1986, 69: 535 – 564.

[42]　Chen X, Xu R, Shen Z, et al. Impact of a liquid-jet produced by the collapse of laser-induced

bubbles against a solid boundary [J]. Microwave Optical Technol Lett, 2006, 48(8): 1525 – 1528.

[43] Ohl C D, Arora M, Dijkink R, et al. Surface cleaning from laser-induced cavitation bubbles [J]. Appl Phys Lett, 2006, 89(7): 74 – 102.

[44] Wolfrum B, Kurz T, Mettin R, et al. Shock wave induced interaction of microbubbles and boundaries[J]. Phys Fluids, 2003, 15(10): 2916 – 2922.

[45] Antonov A V, Bunkin N F, Lobeev A V. On the mechanism of optical breakdown in transparent liquids [J]. Bull Russ Acad Sci Phys, 1992, 56(9): 1342 – 1344.

[46] Bunkin N F, Bunkin F V. Bubbstons: stable microscopic gas bubbles in very dilute electrolytic solutions [J]. Sov Phys JETP, 1992, 74(2): 271 – 278.

[47] Brenner M P, Hilgenfeldt S, Lohse D. Single-bubble sonoluminescence [J]. Rev Mod Phys, 2002, 74: 425 – 484.

[48] Mason T, Peters D. Practical sonochemistry. Uses and applications of ultrasound [M], 2nd edn. Chichester: Horwood; 2002.

[49] Sollier A, Berthe L, Fabbro R. Numerical modeling of the transmission of breakdown plasma generated in water during laser shock processin[J]g. Eur Phys J Appl Phys, 2001, 16: 131 – 139.

[50] Keldysh LV. Ionization in the field of a strong electromagnetic wave [J]. Sov Phys JETP 1965; 20: 1307 – 1314. Original: Zh EkspTeor Fiz, 1964, 47.

[51] Kennedy P K. A first-order model for computation of laser-induced breakdown thresholds in ocular and aqueous media [J]. IEEE J Quantum Electron, 1995, 31: 2241 – 2249.

[52] Vogel A, Noack J, Hüttman G, et al. Mechanisms of femtosecond laser nanosurgery of cells and tissues [J]. Appl Phys B, 2005, 81(8): 1015 – 1047.

[53] Zel'dovich Ya B, Raizer Yu P. Physics of shock waves and high temperature hydrodynamic phenomena [M]. Mineola: Dover, 2001.

[54] Hughes TP. Plasmas and laser light [M]. London: Hilger, 1975.

[55] Bäuerle D. Laser processing and chemistry [M], 3rd edn. Berlin: Springer; 2000.

[56] Wu B, Shin YC. A self-closed thermal model for laser shock peening under the water confinement regime configuration and comparisons to experiments [J]. J Appl Phys, 2005, 97: 113517 – 113527.

[57] Docchio F. Lifetimes of plasmas induced in liquids and ocular media by single Nd:YAG laser pulses of different duration [J]. Europhys Lett 1988, 6(5): 407 – 412.

[58] Nikogosyan D N, Oraevsky A A, Rupasov V I. Two-photon ionization and dissociation of liquid water by powerful laser UV radiation [J]. Chem Phys, 1983, 77(1): 131 – 143.

[59] Spitzer L. Physics of fully ionized gases [M]. NewYork: Interscience, 1962.

[60] Rozmus W, Offenberger A A. Thermal conductivity for dense, laser-compressed plasmas [J]. Phys Rev A, 1985, 31: 1177 – 1179.

[61] Noack J, Vogel A. Laser-induced plasma formation in water at nanosecond to femtosecond time scales: calculation of thresholds, absorption coefficients, and energy density [J]. IEEE J Quantum Electron, 1999, 35(8): 1156 – 1167.

[62] Mao X, Russo R E. Observation of plasma shielding by measuring transmitted and reflected laser pulse temporal profiles [J]. Appl Phys A: Mater Sci Process, 1997, A64: 1 – 6.

[63] Malone R C, Mc Crory R L, Morse R L. Indications of strongly flux-limited electron thermal conduction in laser-target experiments [J]. Phys Rev Lett, 1975, 34: 721 – 724.

[64] Bond D J. Approximate calculation of the thermal conductivity of a plasma with an arbitrary temperature gradient [J]. J Phys D, 1981, 14: 43 – 46.

[65] Bunkin N F, LobeevA V. Bubbston-cluster structure under conditions of optical breakdown in a liquid [J]. Quant Electron, 1994, 24(4): 297 – 301.

[66] Izumida S, Onishi K, Saito-M. Estimation of laser-induced breakdown threshold of microparticles in water [J]. Jpn J Appl Phys Part, 1998, 37(4A): 2039 – 2042.

[67] Bunkin N F. Lobeyev A V. Influence of dissolved gas on optical breakdown and small-angle scattering of light in liquids [J]. Phys Lett A, 1997, 229(5): 327 – 333.

[68] Bunkin N F, Bakum S I. Role of a dissolved gas in the optical breakdown of water [J]. Quant Electron, 2006, 36(2): 117 – 124.

[69] Kennedy P K, Hammer D X, Rockwell B A. Laser-induced breakdown in aqueous media [J]. Prog Quantum Electron, 1997, 21(3): 155 – 248.

[70] Sakka T, Oguchi H, Masai S, et al. Use of a long-duration ns pulse for efficient emission of spectral lines from the laser plume in water [J]. Appl Phys Lett, 2006, 88(6): 61 – 120.

[71] Thorslund T, Kahlen F-J, Kar A. Temperatures, pressures and stresses during laser shock processing [J]. Optics Lasers Eng, 2003, 39: 51 – 71.

[72] Saito K, Takatani K, Sakka T, et al. Observation of the light emitting region produced by pulsed laser irradiation to a solid-liquid interface[J]. Appl Surf Sci, 2002, 191 – 198: 56 – 60.

[73] Henderson Le Roy E. General laws for propagation of shock waves through matter. In: Ben-Dor G, IgraO, ElperinT, eds. Handbook of shock waves[M], vol. 1. San Diego: Academic Press; 2001: 143 – 183.

[74] Nagayama K. Shock waves in solids. In: Ben-Dor G, Igra O, Elperin T, eds. Handbook of shock waves[M], vol. 1. San Diego: Academic Press; 2001: 315 – 338.

[75] He H L, Bouse M, Arrigoni M, et al. Hugoniot measurement of water from the impact of laser driven mini-flyers [J]. AIP Conf Proc, 2004, 706: 1393 – 1396.

[76] Brown J M, Fritz J N, Hixson R S. Hugoniot data for iron [J]. J Appl Phys 2000; 88(9): 5496 – 5498.

[77] Marsh S P, ed. LASL shock Hugoniot data [M]. Berkeley: University of California; 1980.

[78] Itoh S. Shock waves in liquids. In: Ben-Dor G, Igra O, Elperin T, eds. Handbookof shock waves [M], vol 1. San Diego: Academic Press, 2001: 263 – 314.

[79] Leonov R K, Efimov V V, Zakharov S I, et al. Irradiation of a glass-liquid interface [J]. Sov Phys Techn Phys, 1975, 20(1): 77 – 79.

[80] Zakharov S I, Lokhov Yu N, Fiveiskii Yu D. Generation of shock waves in an optically transparent dielectric by a focused laser pulse. Fiz Khim Obr Mater, 1974, (4): 16 – 21.

[81] Dolgaev S L, Karasev M E, Kulevskii L A, et al. Disolution in a supercritical liquid as a mechanism of laser ablation of sapphire[J]. Quant Electron, 2001, 31(7): 593 – 596.

[82] Hidai K, Tokura H. Hydrothermal reaction assisted laser processing for ceramics [J]. J Jpn Soc Precision Eng, 2001, 67: 1448 – 1452.

[83] Glemser O, Stöcker U, Wendlandt H G. Zur Reaktion von festen Oxiden mit hochverdichtetem Wasser bei höheren Temperaturen [J]. Ber Bunsenges, 1966, 70: 1129 – 1134.

[84] Matson D W. Smith R D. Supercritical fluid technologies for ceramic-processing applications [J]. J Am Ceramic Soc 1989, 71: 811 – 881.

[85] Jacobson N, Myers D, Opila E. et al. Interactions of water vapor with oxides at elevated temperatures [J]. J Phys Chem Solids, 2005, 66: 471 – 478.

[86] Krikorian O H. Predictive calculations of volatilities of metals and oxides in steam-containing envi-

ronments [J]. High Temp-High Pressure, 1982，14：387 - 397.

[87]　冯唐高. 水射流激光划片技术中的喷嘴优化设计[D]. 桂林电子科技大学，2016.

[88]　Eddie Yin-Kwee Ng & Du Guannan. The stability of 30-μm-diameter water jet for jet-guided laser machining [J]. Int J Adv Manuf Technol. 2015，78：939 - 946.

[89]　Chen M Y, Chalupa R，West A C，Modi V. High Schmidt mass transfer in a laminar impinging slot jet flow [J]. Int J Heat Mass Transf，2000，43(21)：3907 - 3915.

[90]　Chiriac V A，Ortega A. A numerical study of the unsteady flow and heat transfer in a transitional confined slot jet impinging on an isothermal surface [J]. Int J Heat Mass Transf，2002，45(6)：1237 - 1248.

[91]　Gohil T B，Saha A K，Muralidhar K. Numerical study of instability mechanisms in a circular jet at low Reynolds numbers [J]. Compute Fluids，64，1 - 18.

[92]　Gardon R，Akfirat J C. The role of turbulence in determining the heat-transfer characteristics of impinging jets [J]. International Journal of Heat and Mass Transfer，1965，8(10)：1261 - 1272.

[93]　刘鑫，龙芋宏，鲍家定，等. 基于水辅助激光加工的水层流动特性的研究[J]. 激光技术，2016.

[94]　刘敬明，曹凤国. 激光复合加工技术的应用与发展趋势[J]. 电加工与模具. 2006，4(5)：5 - 9.

[95]　詹才娟，李昌烽，潘永琛，等. 微水射流导引激光精密打孔过程的流动分析[J]. 力学季刊. 2011，32(2)：159 - 165.

[96]　符永宏，曹佳，董非，等. 微水导激光稳定水束光纤的 CFD 仿真研究[J]. 流体机械. 2013，42(8)：21 - 25.

[97]　周俊杰，徐国权，张华俊. FLUENT 工程技术与实例分析[M]. 北京：中国水利水电出版社，2010.

[98]　童友群. 水射流激光划片工艺研究[D]，桂林电子科技大学，2016.

[99]　陈娟. 水下爆炸冲击载荷的 SPH 算法研究 [D]. 哈尔滨工业大学，2010.

[100]　王帅. 基于 FEM/SPH 方法的水下爆炸冲击载荷作用下的混凝土重力坝破坏模式研究[D]. 天津大学，2012.

[101]　杨文森. 水下爆炸冲击问题的物质点法研究 [D]. 哈尔滨工业大学，2013.

[102]　于秀波. 基于 SPH 方法的爆轰模拟研究 [D]. 哈尔滨工业大学，2008.

[103]　Yinzhou Yan，b，Lin Li，Kursad Sezer，Wei Wang，David Whitehead. CO_2 laser underwater machining of deep cavities in alumina [J]. Journal of the Eupropean Ceramic Society，2011，(31)：2793 - 2807.

[104]　龙芋宏. 激光电化学微加工机理与实验研究[D]，华中科技大学，2007.

[105]　JOHN F R. Industrial Applications of Laser [A]，AIP Conference Proceedings No. 50 Laser-Solid Interaction and Laser Proceedings-1978，ACADEMIC PRESS，New York，San Francisco，London，1978.

[106]　郑启光，辜建辉. 激光与物质相互作用[M]. 武汉：华中理工大学出版社，1996.

[107]　李维特，黄保海，毕仲波. 热应力分析及应用[M]. 1 版. 北京：中国电力出版社，2004.

[108]　李力钧. 现代激光加工及其装备[M]. 北京理工大学出版社，1993.

[109]　Bresse L F，Hutchins D A. Transient generation by a wide thermoelastic source at a solid surface [J]. J Appl Phys.，1989，65(4)：1441 - 1446.

[110]　王勖成. 有限单元法[M]. 1 版. 北京：清华大学出版社，2000.

[111]　Guo Z X，Mohamed S，EI-genk，Liquid microlayer evaporation during nucleate boiling on the surface of a flat composite wall [J]. Int. J heat mass transfer，1994，37(11)：1641 - 1655.

[112]　Haider S I，Webb R L，A Transient micro-convection model of nucleate pool boiling [J]. Int. J

Heat Mass Transfer，1997，40(15)：3675 - 3688.

[113] Judd R L，Hwang K S，A comprehensive model for nucleate pool boiling heat transfer including microlayer evaporation [J]. ASME Journal of heat transfer，1976，(98)：623 - 629.

[114] 程俊国. 高等传热学[M]. 重庆：重庆大学出版社，1991.

[115] Liqun L，Yanbin C，Xiaosong F. Characteristic of energy input for laser forming sheet metal [J]. Chinese optics letters，2003，1(10)：606 - 608.

[116] Aden M，Beyer E，Herzinger G，Kunze H. Laser-Induced Vaporization of a Metal Surface [J]. J. Phys. D：Appl. Phys. ，1992，25：57 - 65.

[117] Milos M，Frantisek M，Walter G，Energy distribution during cavitation bubble growth and collapse in water [J]. Journal of Physical Chemistry，1998，97(23)：2730 - 2735.

[118] Wang J L. Preliminary analysis of rapid boiling heat transfer [J]. Int. Comm. Heat Mass Transfer，2000，27(3)：377 - 388.

[119] 董兆一. 饱和液氮爆发沸腾实验与理论研究 [D]. 中国科学院工程热物理研究所，2005.

[120] Ueno I，Inove M，Shoji M. Laser Pulse Heating of Metal Surface in Water，in Proc. 4th World Conf. on Experimental Heat Transfer [J]，Fluid Mechanics and Thermodynamics，1997，4：2027 - 2033.

[121] Kazimi M S，Erdman C A. On the interface temperature of two suddenly contacting materials [J]. ASME J. heat transfer，1975，97：615 - 617.

[122] 周建忠. 金属板料激光冲击成形加载机制及变形特性研究[D]. 江苏大学，2003.

[123] Michaels J E. Planetary and Space Science [M]. Pergaman，New York，1961.

[124] Fabbro R，Fournier J，et al. Physical study of laser-produced plasma in confined geometry [J]. J. Appl. Phys. ，1990，68(2)：775 - 784.

[125] 徐荣青，陈笑，沈中华，等. 固体壁面附近激光空泡的动力学特性研究 [J]. 物理学报，2004，53(5)：1413 - 1418.

[126] 陈笑. 高功率激光与水下物质相互作用过程与机理研究[D]. 南京理工大学，2004.

[127] Akhatov 1，Lindau O，Topolnikov A，Metin R，VakhitovaN，Lauterbom W. Collapse and rebound of a laser-induced cavitation bubble [J]. Phys. Fluids. ，2001，13(10)：2805 - 2819.

[128] Anderholm N C. Laser-generated stress waves [J]. Applied Physics Letters. 1970，(16)：113 - 118.

[129] Lesser M B，Field J E. The impact of compressible liquids [J]. Ann. Rev. Fluid Mech. ，1983，15：97 - 122.

[130] Lush P A. Impact of a liquid mass on a perfectly plastic solid [J]. J. Fluid Mech. ，1983，135：373 - 387.

[131] 徐荣青. 高功率激光与材料相互作用力学效应的测试与分析 [D]，南京理工大学，2004.

[132] Vogel A，Lauterborn W. Acoustic transient generation by laser-produced cavitation bubbles near solid boundaries [J]. J. Acoust. Soc. Am. ，1988，84(2)：719 - 731.

[133] Jones I. R. ；Edwards D. H. An experimental study of the forces generated by the collapse of transient cavities in water [J]. Journal of Fluid Mechanics，1960. 7：596 - 609.

[134] 王超群，康敏. 超声波加工工艺的材料去除率建模及试验研究 [J]. 机床与液压，2006，12：18 - 20.

[135] 陈明君，董申，等. 脆性材料超精密磨削时脆塑转变临界条件的研究[J]. 高技术通讯，2000，10(2)：64 - 67.

[136] Zhang Q H，Wu C L，Sun J L，et al. The mechanism of material removel in ultrasonic drilling of engineering ceramics [J]. Proc Instn Mech Engrs，2000，214：805 - 810.

[137] Duangwas S，Tangwarodomnukun V，Dumkum C. Development of an overflow-assisted underwater

laser ablation [J]. Materials and Manufacturing Processes, 2014, 29(10): 1226-1231.

[138] Nath A K, Hansdah D, Roy S, et al. A study on laser drilling of thin steel sheet in air and underwater [J]. Journal of Applied Physics, 2010, 107(12): 103 – 123.

[139] Yan Y, Li L, Sezer K, et al. CO_2 laser underwater machining of deep cavities in alumina [J]. Journal of the European Ceramic Society, 2011, 31(15): 2793 – 2807.

[140] Tsai C H, Liou C S. Fracture mechanism of laser cutting with controlled fracture [J]. Journal of Manufacturing Science and Engineering, 2003, 125(3): 519 – 528.

[141] Kruusing A. Underwater and water-assisted laser processing: Part 1—general features, steam cleaning and shock processing [J]. Optics and Lasers in Engineering, 2004, 41(2): 307 – 327.

[142] Tangwarodomnukun V, Wang J, Huang C Z, et al. Heating and material removal process in hybrid laser-waterjet ablation of silicon substrates[J]. International Journal of Machine Tools and Manufacture, 2014, 79: 1 – 16.

[143] Li C F, Johnson D B, Kovacevic R. Modeling of waterjet guided laser grooving of silicon [J]. International Journal of Machine Tools and Manufacture, 2003, 43(9): 925 – 936.

[144] Elison B, Webb B W. Local heat transfer to impinging liquid jets in the initially laminar, transitional, and turbulent regimes[J]. International Journal of Heat and Mass Transfer, 1994, 37(8): 1207 – 1216.

[145] Kalyanasundaram D, Shrotriya P, Molian P. Fracture mechanics-based analysis for hybrid laser/waterjet (LWJ) machining of yttria-partially stabilized zirconia (Y-PSZ)[J]. International Journal of Machine Tools and Manufacture, 2010, 50(1): 97 – 105.

[146] 廖志强. 高能短脉冲激光水下作用铜的分子动力学模拟 [D], 桂林电子科技大学, 2014.

[147] 金仁喜, 刘登瀛, 华顺芳, 等. 超急速温升沸腾热流密度研究 [J]. 工程热物理学报, 2001, 22(6): 113 – 116.

[148] R W Hockney, J W Eastwood. Particle-Particle-Particle-Mesh (P3M) Algorithms [J]. Computer simulation using particles, 1988, 267 – 304.

[149] W G Hoover. Canonical dynamics: Equilibrium Phase-Space Distributions [J]. Physical Review A, 1985, 31(3): 169.

[150] R W Hockney, J W Eastwood. Computer Simulation Using Particles [M]. Adam Hilger, Bristol and NewYork IOP Publishing Ltd. 1988: 267 – 269.

[151] F Bruni, M A Ricci, A K Soper. Unpredicted density dependence of hydrogen bonding in water found by neutron diffraction [J]. Phys Rev B, 1996, 54: 11876 – 11879.

[152] 徐绍龄, 徐其亨, 田应朝, 等. 无机化学丛书, 第六卷[M]. 北京: 科学出版社, 1995.

[153] J M Holender. Molecular dynamics studies of solid and liquid copper using the Finnis-Sinclair manybody potential [J]. Journal of Physics, 1990, 2(5): 1291 – 1300.

[154] Thomas M, Brown, James B Adams. EAM calculations of the thermodynamics of amorphous copper [J]. Journal of Non-Crystalline Solids, 1995, 180(2-3): 275 – 284.

[155] 邵丹, 胡兵, 郑启光. 激光先进制造技术与设备集成 [M]. 北京: 科学出版社, 2009.

[156] 冯瑞, 等. 固体物理学大辞典 [M]. 北京: 高等教育出版社, 1995.

[157] P K Kennedy, D X Hammer, B A Rockwell. Laser-induced break down in aqueous media [J]. Prog. Quant. Eleetron, 1997, 21: 155 – 248.

[158] A Vogel, S Busch, Y Parlit. Shock wave emission and cavitation bubble generation by picoseconds and nanosecond optical breakdown in water [J]. Acoust. Soc. Am. 1996, 100(1): 148 – 165.

[159] A Shima. Studies on bubble dynamics [J]. Shock Waves, 1997, 7: 33 – 42.

[160] A Philipp, W Lauterborn. Cavitation erosion by single-laser produced bubbles [J]. Fluid Mech,

1988，361：75 - 116.

[161]　Y Tomita，A Shima. Mechanisms of Impulsive pressure generation and damage pit formation by bubble collapse[J]. Fluid Mech，1986，169：535 - 564.

[162]　董兆一，淮秀兰. 饱和液氮爆发沸腾实验与传热机理分析[J]. 工程热物理学报，2005，4：641-643.

[163]　Datta M，Romankiw L T. Application of Chemical and Electrochemical Micromachining in Electronics Industry [J]. Journal of the Electrochemical Society，1989，136(6)：285 - 292.

[164]　赵国兴，苗德嘉，刘小明，等. 铁镍合金在硝酸钠溶液中的激光化学刻蚀[J]. 应用激光，1992，12(2)：59 - 61.

[165]　Shafeev G A，Simakhin A V. Spatially confined laser-induced damage of Si under a liquid layer [J]. Appl Phys A，1992(54)：311 - 316.

[166]　Milos M，Frantisek M，Walter G. Energy distribution during cavitation bubble growth and collapse in water [J]. Journal of Physical Chemistry，1998，97(23)：2730 - 2735.

[167]　Ohara J，Nagakubo M，Kawahara N，Hattori T. High aspect ratio etching by infrared laser induced micro bubbles [A]. Proceedings of the IEEE Tenth Annual International Workshop on Micro Electro Mechanical Systems，New York：IEEE，1997：175 - 179.

[168]　Datta M，et al. Application of electrochemical microfabrication：An introduction [J]. IBM Journal of Research and Development，42(5)：563 - 566.

[169]　Brannon J H. Excimer-Laser Ablation and Etching [J]. IEEE Circuits & Devices Magazine，1990，6(5)：18 - 24.

[170]　Nemirovsky Y，El-Bahar A. The non equilibrium band model of silicon in TMAH and in anisotropic electrochemical alkaline etching solutions [J]. Sensors and Actuators，1999，75(3)：205 - 214.

[171]　宋登元，郭宝增，李宝通. Ar^+ 激光诱导湿刻 Si 的特性研究 [J]. 激光技术，1999，23(3)：190 - 193.

[172]　Isselin J C，Alloncle A P，Autric M. On laser induced single bubble near a solid boundary：Contribution to the understanding of erosion phenomena [J]. J of Appl. Phys.，1998，84 (10)：5766 - 5771.

[173]　温殿忠. 离子激光增强硅各向异性腐蚀速率的研究 [J]. 中国激光，1995，22(3)：202 - 204.

[174]　B W Webb，C F Ma. Signal-phase liquid jet impingement heat transfer [J]. Adv. Heat Transfer，1995，(26)：105 - 217.

[175]　邹玉. 超急速爆发沸腾汽泡形成核分子动力学研究[D]. 中国科学院研究生院，2011.

[176]　Patil S D，Takale M V，Navare S T，et al. Self-focusing of Gaussian laser beam in relativistic cold quantum plasma [J]. Optik-International Journal for Light and Electron Optics，2013，124(2)：180 - 183.

[177]　Xiao C，Yucheng S，Yiquan W，et al. Nonlinear propagation properties of ultrashort laser pulses in water [J]. ACTA OPTICA SINICA，2009，29(4)：1131 - 1136.

[178]　Kun L，Bin Z，Keyu L. Nonlinear self-focusing by intense UV laser in fused silica[J]. High Power Laser and Particle Beams，2006，18(10)：1653 - 1656.

[179]　Hisakuni H，Tanaka K. Laser-induced persistent self-focusing in $As_2 S_3$ glass [J]. Solid state communications，1994，90(8)：483 - 486.

[180]　Ohmura E. Analyses of Self-Focusing Phenomenon and Temperature Rise in Fused Silica by Ultrashort Pulse Laser Irradiation [J]. Procedia CIRP，2013，5：7 - 12.

[181]　Anping W，Zhengjia L，Qingrong R. The effect of self-focusing on incision quality in laser

innercutting [J]. Laser Journal, 2001, 22(6): 38 - 41.

[182] Medvid A, Mychko A, Dauksta E, et al. Laser ablation in CdZnTe crystal due to thermal self-focusing: Secondary phase hydrodynamic expansion [J]. Applied Surface Science, 2016, 374: 77 - 80.

[183] Shen Y. Self-focusing: experimental [J]. Progress in quantum electronics, 1975, 4: 1 - 34.

[184] Kelley P L. Self-focusing of optical beams [J]. Physical Review Letters, 1965, 15(26): 1005 - 1008.

[185] 朱斌. 激光等离子体相互作用中的自聚焦和电磁孤立的实验研究[D]. 哈尔滨工业大学, 2008.

[186] 徐智君. 飞秒激光诱导空气等离子体的实验与应用研究[D]. 湖南大学, 2013.

[187] Li K, Zhang B, Wang C C. Nonlinear self-focusing by intense UV laser in fused silica [J]. High Power Laser and Particle Beams, 2006, 18(10): 1653 - 1656.

[188] Bergé L, Skupin S, Nuter R, et al. Ultrashort filaments of light in weakly ionized, optically transparent media [J]. Reports on progress in physics, 2007, 70(10):1633 - 1713.